建筑与绿化

[日] 泷光夫 著

刘云俊 译

中国建筑工业出版社

前　言

我对设计工作倾注了全部热情，以至于常常一个人孤军奋战。

既然想营造出一个优美的空间，就必须经常接触外面的世界。欧美的建筑师们都是这么做的，江户时代的日本也是如此。在当时，日本可算是环境综合整治方面的先进国家。

我本来对植物没有太大的兴趣，但不知为什么却能看到很多关于“绿化”的案例。从发展趋势上看，关心“绿化”的人正在超过不关心的人。人们越来越认识到“绿化”的重要性。

因此，在受邀写一本面向年轻读者的关于绿化的入门书时，我立即答应下来，并开始写作。写作过程十分顺利，与此同时还补拍了一些照片。但在最后校订时却遇到了一些困难。

以“国际花卉绿化博览会”和“故乡复苏”等活动为契机，掀起了一阵绿化热潮，本人也被这股热潮卷入其中，忙得无法自由支配自己的时间。尽管本意并非如此，但至今仍陷在这股热潮的余波中难以自拔。

有关建筑、造园和绿化方面的出版物几乎到处都是，本人对造园和绿化又知之甚少。既然要写作，虽然未能整日泡在图书馆里，但也抽出一些时间做了必要的资料准备，可惜的是并没有什么意外的发现。

在实际写作中，我主要以海外的见闻为素材，再从一个建筑师的视角加以归纳整理，然后拟成书稿。

假如本书中的某一页的某些文字、插图或照片能够超越专业的界限，被有心人注意到，并因此找到改变山川面貌、再造优美景观的途径，则笔者将深感欣慰。

泷光夫

1992年4月29日

目录

1　关于绿化

1. 关于绿化

城市绿化和环境绿化问题被不断地提及，并被重视起来，其实也不是很遥远的事。它最初始于20世纪60年代，所谓的经济高速成长期结束时。

1970年我在参与后面提到的爱知县绿化中心的总体规划时，第一次听到“绿化”这个词，还觉得挺新鲜。

“爱知县绿化中心”于1976年(昭和51年)完成，并由《新建筑》杂志和英文版的《JA》杂志作了介绍。后者将“绿化中心”译为“Greening Center”。

“Greening”一词不是常用语，在一般的小词典中很少收录。如果查大词典，其中的释义多为：

“n.〈园艺〉1.青苹果(果皮为绿色的苹果)。2.日照(在进行软化栽培时，将其中一部分朝向阳光使其变绿)”(《新英和大辞典》研究社版)。

“n.1.变绿。2.青苹果(黄绿色品种)。3.返青、再生”(《大学生基础英和辞典》三省堂版)。

在C·A·莱克所著的《绿色革命》(The Greening of America，早川书房)一书中，他主要是想激起年轻一代的革新意识，结果却丝毫未能触及所谓的绿化问题(“Greening”一词被解释为“青苹果”、“返青”和“再生”等意是行得通的)。

当我向英国朋友求教“绿化中心”一词的译法时，往往会被他们问到：“你到底要说什么?”，这时不得不拿出照片并加以解释，他才说：“噢，这样的话，你说的应该是‘treeplanting campaign center’吧。”

不错，如果查一下和英词典，确有如下的释义：“ryokka绿化，n.tree planting; afforestation—运动 a treeplanting campaing (drive)”(《新和英大辞典》)。

tree planting如果是指植树的意思，那是容易理解的。但是，绿化就等于植树么!

我们再从日语中寻觅它的渊源。

“大正14年成立了首都绿化推广委员会，开展了“绿色之翼”运动。昭和25年国土绿化推广委员会成立……”(上原敬二编《造园大辞典》加岛书店)。由此可知，“绿化”一词由来已久，并非近年来出现的新词。

以此为宗旨展开的绿化运动，其中最重要的是天皇陛下亲临的“全国植树节”活动，不过整个活动的内容也仅限于植树。“绿化”一词对于普通市民来说仍然感到陌生。

从环境绿化意义来说的绿化并非单纯指植树这样的活动，这是首先应该明确的。

现在，让我们试着对平常随意使用的“绿化”一词来个刨根究底。

1) 绿化就是绿色么?

首先让我们想一想颜色的问题。

一提到“绿化”，人们自然会联想到绿色的植物，诸如花草树木之类。可是，植物果真就是绿色的么?

落叶树到了秋天，叶子会变红变黄，就像野原红叶一年到头总会有叶子发红的时候。

到了春天草木开始发芽，人们统称之为“新绿”。然而，红光叶石楠之类的植物却长出了红色的嫩芽。在此之前，连翘、珍珠花、杏、桃、樱、油菜、番红花和莲花等已经盛开得五彩斑斓。

即使是被称为“常绿”的植物，其实也并非一年四季都是同一个颜色。比如楠树，在发芽时会呈现出土黄色或金黄色。

其他如松、杉和西伯利亚杉，从远处一望便知道它们的颜色是各不相同的。

另外还有一些结果的树木如柿、橘和石榴等，以及许多开花的树木如百日红、木槿、木犀和夹竹桃之类也是如此。

听到“樱”这个词后立刻想到“绿色”的人恐怕不会太多

田野里蔬菜的颜色也各不相同。春天里到处盛开着紫云英花，当注入清冽的渠水插满稻秧后，很快便迎来了绿色袭人的夏季。在秋天则是收获的季节，满眼的金黄色。等到冬天，收割后的一排排稻茬承受着风雪的洗礼……，一年四季的景致都是在不断变化着的。

如此说来，即使“绿化”是以植物为媒介，也绝非单指绿色一种，而是由五彩缤纷的颜色编织成的姹紫嫣红的世界，并随着季节的转换而变化无穷。

这种多样化、不断变幻的景致会诱发出人们各种各样的感慨。或借景生情吟唱出徘句和诗歌，或将此描绘于画中，又或寄于外出旅行赏花和采集红叶的行动中等等。

因此，我们首先可以肯定，“绿色”并非单纯指绿色。

关于“绿化”，我们首先就应该认识到，“绿化”是营造一个绚丽多彩的世界，绿化后的空间呈现给人们的应该是千变万化、多姿多彩的景致。

曾几何时，绿化的口号定在这样的调子上：要栽植绿色的树木，特别是要多栽植常绿树木。

尽管不能说这是完全错误的，但是如果不夹植一些开花的树、结果的树、落叶树或草花之类，便难以做到将环境真正美化。

例如，在学校的大门旁当然是可以栽植樱树的，但若以樱树为主，再随意点缀几棵扁柏玉黄杨或配上石块，则会大大地增强美感。

下面我们再换一个角度来思考这一问题。

2) “绿”就是美么？

绿这个词很容易会让人联想到“山川碧绿”、“大地苍萃”和“翠绿欲滴”这样一些美好的语句，即刻令人神清气爽、并引出一片赞叹声。

紫云英花、菜花、波斯菊……都不是绿色

即使查词典似乎也找不到比这些说法更高级的词，但是在火车的一等车厢里，至今仍流行着乘坐“绿色车厢”必须支付“绿色费用”的说法(车内的英语广播将这译为“Extra-charged GREEN CAR”或“Supplemental charge”，即所谓“追加费用”)。

其实，这并不是将车厢涂成绿色或是在其间点缀以花草。但不知为什么，对“绿色车厢”的提法却没有任何人提出异议。在出售此类车票的售票处——“绿色窗口”有着绿色的标志，但售票处内部的装潢却并没有被设计成绿色。实在弄不清楚，为什么一定要称做“绿色窗口”。

“绿色”一词作为表达较高级的意义几乎随处可见，并被畅通无阻地使用着。

建设充满绿色的街区，让绿色铺天盖地，表达了人们对绿色世界由衷的向往。然而，只要有了“绿色”就能把所有问题都解决了么?

杂草丛生的空地就是一件令人头痛的事。

泡沫草一度让人十分反感。在道路的隔离带上，本不该生长的植栽掩饰了一堆堆的垃圾，旁边还散布了几个空罐头盒子。那情景看起来叫人心情十分不愉快。

采用生态绿化方法，在变电所等设施周围栽植了橡树和青冈栎，它们逐渐长高长粗。但多数情况下却会遭到邻居们的白眼(因为树枝伸展到街道上，蛇经常出没等原因)。屡见不鲜的事件使意见变得越来越集中：浓密的绿荫使视野变得很狭小，让人心情郁闷。(原本进行生态绿化，必须将各种树木混合栽植，结果却全部栽上了常绿树木。因此，有人在调查报告中说：“栽植的树木应与围墙一样，但又不应将变电所完全掩盖。”)

如果说到只要好养护种点什么都可以的话，也不能随便在门前摆几个馒头状的灌木丛，这样做不会有什么美感。在关西地区有不少相似的情形，把扁柏和青冈栎修剪成圆球状，像饭团子一样，把喜马拉雅杉搞成长卷毛狗的形状。这恐怕难以称做美，反倒令人觉得丑陋和可笑。

我本人对绿化问题产生兴趣始于25年前，最直接的动机源于当时在北陆地区设计的一座大宅邸。

这是一家公司经理的公宅，占地约1000坪(约3300m²)，原为一座小学校的旧址，两侧成行的白杨亭亭玉立。因为必须在其中布置面积为120坪的建筑，所以在设计和施工上的难度都很大。

我将这里的房、地、林全部通过写生记录下来，在设计上充分考虑到即便是低层建筑也应尽可能地接受从枝叶间洒下的阳光，使房间里尽可能地明亮。施工开始后不久，这里的白杨树便被坚决地砍掉了。周围的一些人多少带点幸灾乐祸的表情说：“这回再从近处爬来虫子就可以索赔了。”

庭院的设计必须与建筑协调一致。为此，我特意画了水池和竹林，并嘱咐造园师在建筑周围多栽植杉、扁柏和榉树。造园师听后，露出了诧异的神情，还反问了一句：“您是说杉树，对么?”工程进行得很顺利，在竣工前的某一天，我来到了施工现场，发现门前蜿蜒排列的松树和奇形怪状的岩石与舒展前探的挑檐显得十分抵触，一眼望去眼前出现了一个可笑的空间。

养护起来很容易，但墙垣处的树丛怎么看都像是饭团子

造型似乎也不错，只是显得有些可笑和怪异

主人一再向我解释:“这些五叶松都是某社长赠与的礼品,据说价值连城,这些青石也是别人送来的,还有……。”听到这里,我无言以对。既然是已经接受的礼物自然没有退回去的道理,但也绝非是可以随便放在那里炫耀的。倾尽全部心血的工程,结果却变得惨不忍睹,我骤然变得心灰意冷。那颓丧的感觉至今记忆犹新。

打那以后,再涉及到庭院施工方面的问题,我决心不再相信业主、业主周围帮忙的人以及造园师。这些人往往孤立地看待建筑与庭院,我非常清楚,他们根本不具备将建筑和庭院放到一起观察的眼界。

说起来也是出于一种自我防范的心理,更是为了建造令自己称心如意的房屋,我才开始一点一点地学习绿化的知识。

现在读者该明白了吧,绿化并不是问题的全部,做不好的话反而会弄巧成拙,成为“蹩脚的绿化”或是“不应该出现的绿化”。

因此,可以说世界上存在着两种绿化:即“美的绿化”和“不美的绿化”。

当修整造型与自然造型取得平衡时便会显出美感(喜马拉雅杉高墙)

3) 没有绿色的绿化

如果我们在关注绿化问题的同时放眼四周,便会有一些新的发现。

“保护老街区”一直是近年盛行的口号。但大多数应该保护的老街区并没有多少树木,有的只是建筑、桥梁和围墙相互交错地组合在一起的景观。

在郁特里洛、萨埃基和欧基斯等人最喜欢描绘的巴黎下街的绘画中,几乎找不到树木的影子,有的只是以色彩和图形编织成的一个复杂的、浑然一体的世界。即使偶然出现树木,也大多是枯树或红叶树。的确,巴黎的美主要体现在建筑物风格的统一和协调上,但仔细观察你会发现每栋建筑的窗户、阳台和挑檐都有一些细微的差别,相互之间的连接处理得既和谐又富有韵律感。其实不仅是巴黎,整个欧洲的城市处处都洋溢着这种和谐的建筑美。

即使修剪成长卷毛狗的样子也不见得美

采用自然风格培植的喜马拉雅杉

巴黎下街风景

没有在街区种植树木的典型城市是水城威尼斯，除了运河，城区内挤满了建筑，甚至连栽棵行道树的空隙都找不到。举办美术展览会的公园大都位于城市边缘，以圣马可广场为代表的中心区一带根本见不到树木的影子。尽管如此，威尼斯仍位居世界上最美的城市之列。那是因为它的美是通过建筑、广场和小桥体现出来的，而运河的水则给这些景观增添了色彩和润泽。

再比如罗马的圣彼得广场、坎匹多利奥之丘那波那广场、西班牙阶梯、特雷维之泉、西恩那画派墓地广场和巴黎的旺多姆广场，这些著名的广场，也同样没有栽植树木。广场的美表现在喷泉、雕塑和纪念碑上，以及围绕着它们的建筑，甚至地面的铺装图案等一些细部也都是经过精心设计而成的。因此，环境自身便成为一件完整的艺术品。在这样的场所中，植物所呈现的绿色已显得毫无用处，理由仍然是前面反复强调过的：这里的整体环境本来就是“绿色”的。

“‘绿地’一词分为广义和狭义两种。狭义指树林地，并被确定为法律用语；广义则与‘open space’一词相同”(东京农业大学农学部造园学科编《造园用语词典》彰国社)。

假如这样广义地来理解绿化的话，上面提到的广场和街区便成了没有绿色的绿地。换言之，即没有“绿色”的绿化。

这同样也适用于绿化等于庭院的观点。

如京都龙安寺的石庭。从大门穿过进入走廊时，沙地上除了围墙便是零星摆布的岩石。虽然如此，却有着语言无法描述的诱惑力，人们都争相坐到檐廊边上，观赏着这座除了一点苔藓没有一棵树木的庭院。按照字面来理解，枯山水是指无树无水的庭院，像银阁寺的银沙滩便是院内铺满了白沙，结果却成为整个庭院的亮点所在。

因为运河即是街道，所以没有行道树(威尼斯)

近处右边是橘树，左边是樱树，院内树木很少(京都御所)

没有树木的庭院　龙安寺(京都市)

在西班牙赤城宫的狮子庭院的中庭里仅安置了一个水盒，从中涌出细细的水流在阳光的照射下熠熠生辉，妙不可言。尽管院里也摆着几个花盆，但仍旧是一座没有树木的庭园。

如果在这样的场所，以绿化的名义引入树木的话，反而会把一切都弄糟了。

当通过庭院的案例来诠释“绿化”的概念时，这些没有树木的院落即成了没有绿色的绿化场所。人们通常认为“院子是树木生长的地方”是一个模糊不清的概念，这是因为没有树木的庭院反而更多的缘故。

即使有树木，如京都御所的紫宸殿，也不过是右手一棵橘树，左手一棵樱树，相对而立。再往前去便是铺展白沙的地面。不会有人愚蠢地想到要在这样的地方增加树木，因为这里已经达到了美的极致，是一处已经被“绿化”的场所。

这样一来，我们就完全明白了：所谓绿化环境和绿化城市的“绿”字，指的是令人神清气爽和舒适和谐的空间整体，“绿化”仅是一种形象化的说法，它不完全意味着树木量的增加。

总之，“绿化”作为一个总称，既包含了植物，也是快乐舒适的开放空间的代名词。

细沙庭院　银阁寺(京都市)

赤城宫谒见的中庭(西班牙)

4) 城市的开放空间

为了能以新的视角观察周围的景象，你最好先去一个地方再返回来，这时在眼前展开的公路、街道、车站、大厦、商业区和电车、火车及汽车的车窗外，将是一幅何等荒凉的景象！当我从北欧旅行归来后，这种印象越发深刻。

林立的电柱、蜘蛛网一样的电线、密密麻麻花里胡哨的广告牌、七零八落的高楼大厦、巨大的土木结构建筑物……，这些惨不忍睹的情景绵延不断。日本已经被糟塌到何种地步!我不由得扼腕叹息。不过，还不到五天，我就对这一切司空见惯、麻木不仁了。究竟是幸还是不幸?

在宣传媒体已进入影像时代的今天，人们早已不再满足于完全通过实景来观赏美丽的风景了。从电视中的商业广告片、杂志的彩色插页到交通工具上的海报，甚至连彩色铅笔的包装盒，都无一不展示着那些优美景观的片断，作为一种复制品它充斥在我们的日常生活中。由于这些复制的风景是花费了一定代价并要让人们赏心悦目的，因此都制作得十分精美，自然不会出现电柱、立在野外的广告招牌、空罐头盒和垃圾堆这样煞风景的镜头。装饰车站墙面的瑞士山村和荷兰的郁金香花圃在不知不觉间出现在眼前，使车窗外展现的荒凉景象反而变得虚幻起来。

就当做一次海外旅行，你可以带上照相机到屋外去看一看。那时一定会发现，在日本这个国家的任何一座城市，都没有什么风景能让你产生拿起相机拍照的兴致。

站在京都清水一带街上仰望空中……

应该请那些在社会上处于决策地位的人，包括总理大臣、知事、市长、会长、社长、教授和师长等参加一次“日常生活观察摄影”活动。尽管有这样的好想法，麻烦的却是，他们大多开着自己的汽车去高尔夫球场，一路上扑面而来的都是旖旎的风光。在回来的路上，更是沉浸在满分的喜悦中，不会在意路旁的景致。城市景观的惆怅和高尔夫球场的繁荣形成了强烈的反差(这些可能被认为是些题外的议论，但并非毫无根据)。

总之，不管是在城市建设或是建筑布局上，应该留出的开放空间都显得不足，这是一个不争的事实。即使有这样的空间，看上去也不会显得美。假如真要布置这样的开放空间，就应该植入花草树木，引入水流。如果有了水流、花草树木，便会引来鸟、虫、蝶，鱼类和小动物也会来到这里栖息。然后再摆上雕塑，燃起圣火，奏起音乐。

站前商业街密密麻麻的广告招牌

郊外也是同样景象，密度恐怕是世界第一了

事实上真的没有绿色。从某地方城市的市政府屋顶上鸟瞰

城市文化的核心是由开放空间凝聚而成的。

让我们看看巴黎这座城市。香榭里舍大街、蒙帕纳斯高地、协和广场、卢森堡公园、凯旋门、埃菲尔铁塔和塞纳河……，人们从世界各地来到这里，从不同角度欣赏着这些优美的城市风景。

不用说，卢浮宫的绘画和巴黎圣母院的彩绘玻璃都是建筑物中不可分割的组成部分。人们常说的“去过巴黎”这句话的意思，要表达的其实也不过就是进入了这些有名的场所，看到了这些景观、景致和风景，并置身于这样的开放空间中体验了一次。

罗马、伦敦、哥本哈根、华盛顿和旧金山，任何一座城市里值得造访的场所都不会让你失望。就连那些至今尚未有机会去海外旅行的人都会知道其中的大概景致。

回过头来再看看东京、大阪和名古屋又是什么样子呢?

以规模而论也能称得上是世界上数得着的大都市。那么这些地方都有哪些很美的景观呢?我们该把远道而来的客人领到哪条大街、哪座公园、哪个街区和哪座广场呢?实际情况是你顿时想不出有什么景致优美的地方。

机场和饭店的小卖店里出售的美术明信片至今仍然以明星照、富士山和新干线为主角。然而，从新干线所看到的富士山的前景，林立的烟囱正冒着滚滚白烟。安普清的工厂群、管道全部外露的化工厂、花里胡哨的广告招牌……，一个被邻国称为金钱帝国的日本，在今天呈现的是一幅多么可叹的景象呵!

圣马可广场(威尼斯)

本来被誉为“丰苇原”和“瑞穗之国”、处处山青水秀的地方，怎么会变得没有绿色了呢？

这个问题是我们要在后面专门讨论的，摆在眼前的现实是，绿色真的不见了，树木和植物没有了，城市里再难以寻觅到绿色的踪影。这些本来都应该是有的，却一下子都消失了。不，不是自己消失的，而是被人为破坏掉的！

现实中的另外一个问题是，与绿化格格不入的人造景观无法给人以美的享受。

稍加整理，我们归纳出以下几点。

a）所谓绿化或绿色，指的是一个优美的开放空间。如后面将要谈到的，日本原本是有许多好的开放空间的。

b）这样的绿色已被破坏，并消失殆尽，而且现在仍然被破坏着。

c）在破坏绿色基础上构建起来的人造景观——建筑，不管从个体上还是从群体上看都很差，框架结构和造园水平都十分低下。

下面我们再来讨论为什么会出现以上的情况。

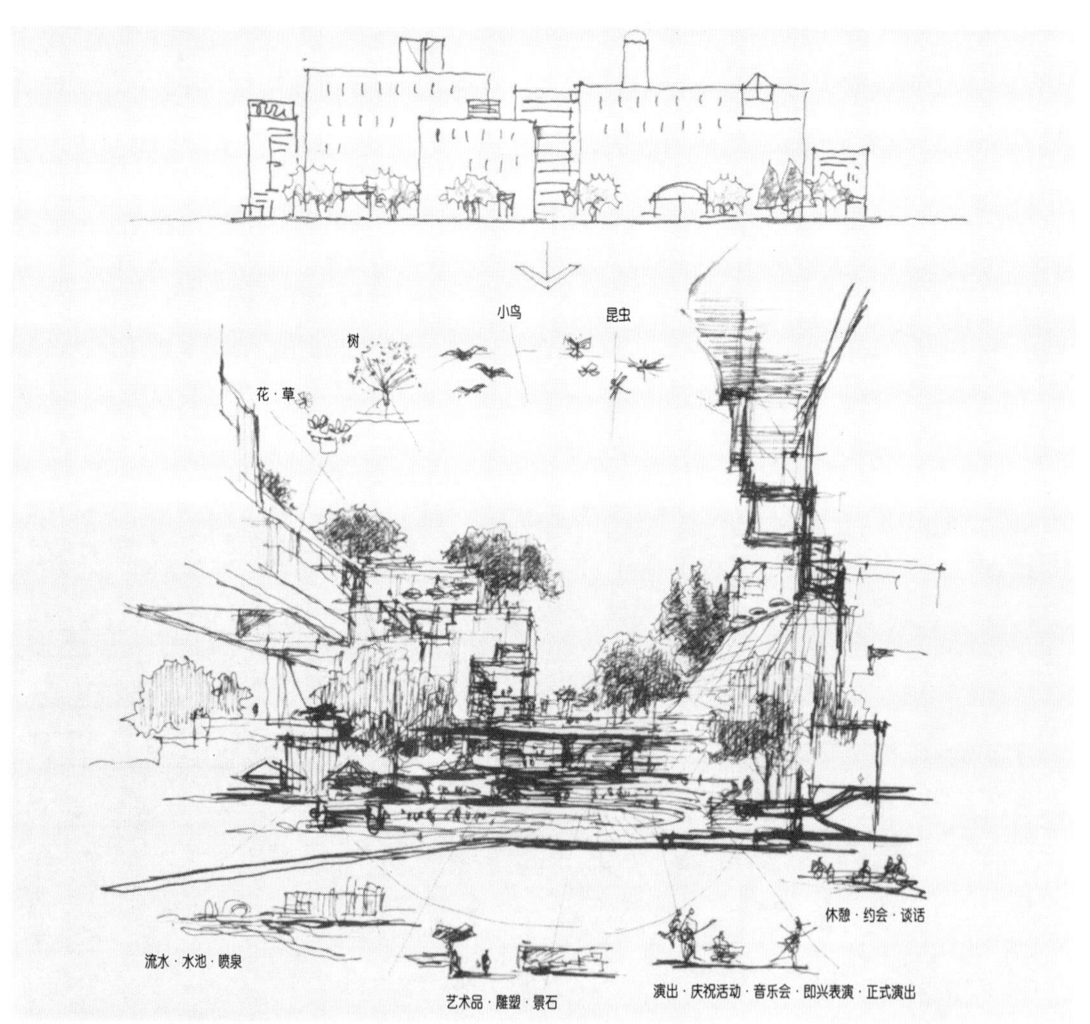

绿色是清爽舒适、优美怡人的开放空间的总称

2　破坏绿色的人们

2. 破坏绿色的人们

日本战败后，城市里到处都是战火燃烧后留下的灰烬，家中缺衣少食。即便如此，阳光仍在普照大地，白云仍在天空飘荡，河水汩汩长流，远山依稀可见……，活下来的人们仍然念叨着“国破山河在”的诗句，对明天寄予了美好的期望。

从那以后的40多年，人们开始遭受折磨。由于物资匮乏、技术力量不足，加上不懂得合理安排，只知道一味地加班加点，不分昼夜地工作，不断地模仿、学习，力求在物质生产方面赶上欧美国家的速度。

这么做的结果是导致了周边垃圾如山，空中烟雾笼罩，河川堵塞，草木不生。

到头来，反落得一个“国盛山河去”的下场。

归根结底，绿化方面的问题不外乎是有人破坏了绿色。那么，到底是谁破坏了绿色呢？

罪魁祸首应该是土木工程承包商。

原本是一片满眼绿色的高地，却要被推土机推平，再建起挡土墙，将高地分割成一块一块的。做这件事情的是土木工程师。

他们根本不会想到该怎样利用地势的倾斜面(在他们看来倾斜面是无法利用来施工的，因

过街天桥是日本独特的景观

为这关系到是否有活干，所以即使明知是错误的也要继续做下去)。

场所自身的繁荣是与混凝土的大量消耗联系在一起的。海岸边摆放着许多四脚混凝土块，游人如织的沙滩距村落太近，河道的整修竟以水泥三面加固。堤堰上的樱树和柳树在洪水到来时被冲得顺流而下，甚至会危及到桥柱的安全。

对于道路和桥梁来说，树木往往是个障碍，不得不将其砍掉。杂草太容易生长，会削弱混凝土和沥青的耐久力。从这个观点来看植物是土木构筑物的大敌。

破坏目前仍在日夜不停地进行着，随着扩大内需、增加预算这些政府决策的出台，今后破坏绿色的现象一定会日甚一日。本是用来保障安全的土木工程，到头来却使得山川变得面目全非。

如果将这些人派到巴黎去的话，他们一定会沿着塞纳河修起高速公路，在香榭里舍大街上架起人行过街天桥。

土木构筑物的建造完全无视周围景观的存在

四脚混凝土块代替了白沙和青松

(过街天桥是日本独有的景观。为了到达近在咫尺的对面，沿着阶梯攀登上去，越过桥再走下来。把这称做桥恐怕欧美人是难以理解的。在纽约、伦敦和巴黎等大城市，人们是走着跨过马路，不能走的人也会被用轮椅推着横穿马路)。

假如赋予我希特勒那样的独裁权力，我将取缔所有的承包商，停建一切与城市美化无关的工程。把那些看起来没什么土木建筑知识、却又强词夺理的人赶到施工现场去，强制他们劳动，在河边垒沙袋，种植花草树木，到海边去运沙子，或者让他们去拆过街天桥。

说起来，土木承包商当中也有一些有识之士，他们应当会注意到这种倾向(如果读者是从事与土木工程有关的人士，当读到本书时，请不要泯灭您的良知，去找一份更适合您的工作吧)。

城市美化，并非依靠一个人的意志就能将全国的大街小巷整齐划一起来，个人总会有关注不到的地方。各地区应该任命景观美审查人，请这些人一年四季设计最佳方案。这些审查人都应是外行(却懂得艺术和美)，把那些所谓专家和有学术经验者全部精简掉(因为正是这些人才导致了今日的后果)。

关于土木施工带来的严重后果不能不提升到这样的高度来认识。

破坏绿色的第二个元凶是建筑商。

假如现场有两、三棵施工中幸存下来的树木，设计师会问建筑商，那些树木是否应该保留下来。建筑商一时拿不定主意，又会去向造园师征求意见。

造园师以下面的理由说明这些树是不应该百分之百留下来的：这些树有可能招来虫子，它的树心正在腐烂，即使保留下来，由于树根松动，台风来时也会被刮倒……，吓唬建筑商的理由多得是。这样一来，终究还是要砍掉的，再惋惜也没有办法。只能这样安慰自己：房子建成后还可以再栽嘛。第二天，树木的踪影就在链锯声中消失了，现场变得一干二净，可以正式地进行规划设计了。

现场如果有树，树龄又在30至50年以上，在构建房屋时应予以规避。而在现实中，作为设计师在设计图纸时真正考虑怎样让这些树木存活下来的人，100人、1000人，不，甚至10000人中也不见得有一位。

如果多几位这样的设计师，世上一定会到处都矗立起满布绿色的建筑。实际情况是，以这样的方式构筑的大厦、饭店和学校实在难以寻觅。

用于保护人身安全的防灾工程成为新的视觉公害源

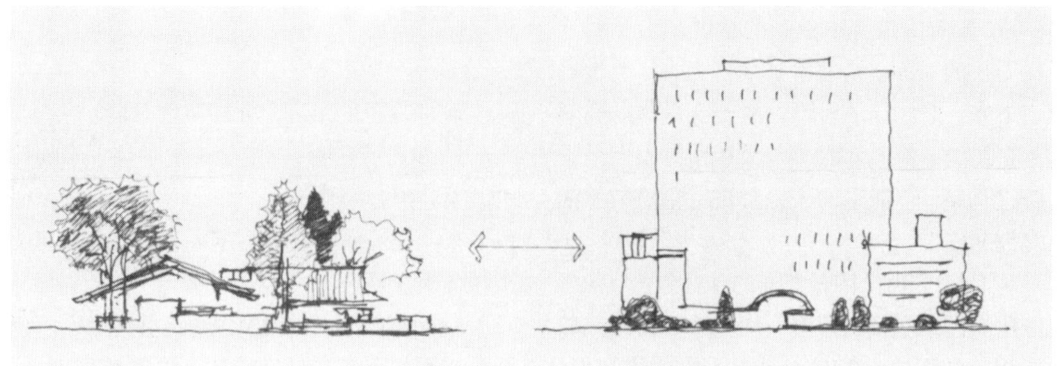

建筑越来越高，树木显得越来越矮

建筑商伐掉树木建起房屋，土地被一块块蚕食。

提到破坏绿色，直接动手的蠢人是造园商。庭院师、植树师和造园商这些称谓，很容易让人把他们与“绿色守护神”的赞誉联系在一起，其实不然。

如前面举过的例子，如果去问造园师这树是否应该留下来，是最愚蠢的做法。理由很简单，如果他建议把树留下来，不仅得不到一分钱的好处，反而要去承担树木招来虫灾的风险。造园业是一个不管砍树还是植树都会赚钱的行业，因此哪怕明知是错的，也不会极力主张保护现有的树木。同时，他们也是砍树的专家，只能砍的话，会毫不犹豫地举起斧锯。

尤其令人头疼的是，这些人在砍掉树木后，总是栽上一些莫名其妙的东西。尽管并不知道树木的真正价值，但似乎都有这样的想法：既然是花了大气力弄成的弯弯，是经人工处理过的，便一定是上等货色、值大价钱。在盆景这行中也流行着同样的观念。总之，就是将那些与“自然”、“朴实”、“天成”和“不经意”等理念相反的东西作为价值的取向，并将其作为卖点。

将松树的枝叶用钢丝一类的东西扎住拉

树木高度相当于 7 ~ 8 层的公寓(哥本哈根)

路旁被锯过的树墩。如果应该砍的话，岂不是连电柱也该砍掉么！

也有人绕过树木来修建围墙

开，作为“门饰”植于入口处，将扁柏、松和黄杨分别修剪成圆球状，似乎形状越奇特，价值便会越高。认为既然花了工夫，就肯定不会有错。

假如从造园商的立场来看待这些问题，你立刻会发现：作为造园商如果只会栽种市场上出售的苗木，可能接不到一单生意。就像我们已经了解的那样，普通树木的价格是比较便宜的。不管如何精心培育，栽下这些便宜货也没有用。它们有的不爱扎根，有的树冠过大，有的爱生虫子，会给后期的管理带来不少的麻烦。

把那种适应性强，即使管理上出点错也不会枯死的树种，在平时就修剪成各种各样的形状，提高所谓附加价值，到了市场就能卖到10万、20万，甚至50万！这么做符合商人的心理。而且，像这样加工成形的树木如果被人买去，还会年年定期地请你去修剪。

除了树木以外，还有石块、灯笼、大门和围墙出售，一般都明码标价，没有事后的麻烦。

我曾经参与过一处住宅区的规划，区内拟建单体住宅2000座。考虑到街区风格应统一，各家大门和树篱都由我们设计。而庭院的设计因为牵扯到费用和兴趣爱好的问题，决定由各家自行处理。等到入住的那天，好家伙，家家院子里都摆满了修整过的树木、石块和灯笼！这结果连我自己都感到吃惊。

所以在第二期入住前，我们特意举办了一个讲座：

“京都在以东山作为绿色的背景时，作为前景的灌木丛和景石是具有一定意义的。与邻舍相接的围墙和窗户最好多点缀一些天然的绿色植物。而悬挂灯笼的作用是因为古代没有通电的外灯……”都是一些关于庭院构筑的启蒙知识。

树篱墙根不搞整齐就显得不顺眼

顺便说一下，在全日本随处可见的砌块围墙虽然有一些是由建筑商施工的，但多数是由造园商建成的。与简单的树篱相比，围墙的造价虽然比较高，日后却没有那么多维护、保养方面的问题。

的确，建成整齐的树篱之后，围墙便成为一种单纯用于防卫的手段，坚固的墙垣或栅栏封堵着树篱的内外或下方。如果要建大门，门的两侧当然不能只有装饰植物。这样一来，一道讲究的树篱就必须与石砌的构筑物相结合，一定会花很多钱。因此，仅构筑砌块围墙、铝或铁的栅栏便显得省事多了，连植树商和造园商也对造树篱失去了积极性。岂止如此，说不定稍不留神便会把栽下的树拔掉，磨拳擦掌地等着承接砌块围墙或有各种图案的栅栏的工程(同建筑商一样，看到本书的有良知的造园业者又当别论)。

于是乎，土木工程破坏了山野，建筑工程瓜分了土地，幸存的地面又被造园工程搬入一些人造的东西。不管城市还是农村，到处都在以这样的方式拼命地蚕食着绿色。

关于土木、建筑和造园的技术，作者故意强调了它们不利的方面，其实技术人员本身并没有错(技术人员应该由好人来担任。现代的计算机硬件仿真技术已经可以为人模拟出桥垮、房塌、树枯等灾难景象，从事这类行业的人势必要具有诚实的品格。而那些心术不正、野心勃勃的人则应该投身于金融和政治那样的软性领域)。

话虽如此，技术也并非完全没有不好的地方，技术造成的善恶其实是由看问题的立场决定的。

对技术提出某些实用性的要求，并享受其创见性成果的是建筑物，或者说是业主；相对于土木工程，则应是国家、县、市或开发商，使用者是市民，即大众。无论怎样的技术，在应用上都不会与发包者或最终受益人的意愿相悖。否则，技术人员就只能落得被解雇的下场。

直至今日，虽然说极力破坏绿色的人都假借了土木、建筑和造园技术这些途径，但归根结底，这一切又都是社会和大众所造成的。不管每个人的想法如何，大至国家的规划，小到住宅的庭院，都在一窝蜂地破坏着“绿色”。

如果不这样看问题，就难以理解：为什么放眼望去城市里竟找不到一棵树木！

从墙壁、拉门和屏风，到挂轴和砚台盒，都描绘着本应在室外看到的景色

微暗处浮现在灯光中的屏风画

人们都不希望战争发生，却都被卷入大战中去；本来是一个温良恭俭让的民族，却干出许多令人发指的勾当……，眼前荒芜的景象不禁让我们感到与第二次世界大战时的情况有些相似。

说日本人喜欢自然、热爱自然，在今天看来似乎仅仅是一种错觉。

春季花盛开　入夏子规啼
秋月洒银波　冬雪寒气袭

破云随我出　冬月分外明
风拂身上衣　雪令寒意生

诺贝尔文学奖得主川端康成在《身居美丽的日本》(讲谈社现代新书)一书中这样写道："雪、月、花让我想起最好的朋友"，心"是日本人美的世界的真谛。"

栗田勇在《雪、月、花的心——Japanese Identity——》(祥传社)一书中，把"雪、月、花"作为日本文化的关键词和象征。

然而，今天在雪夜散步，一边望月一边想念朋友的情景，在生活中还找得到么！首先，你就找不到那种既没有霓虹灯，又没有路灯，更没有汽车来回跑的街道！

大自然是丰富的。或许是决心要把自然当做自己的最爱，结果却干出了破坏自然的事，又毫不在乎。最终将自己的家园变成了世界上少有的"人造物乐园"。

与沙漠和贫瘠地区的民族不同，日本人一直认为自己的国家是一个水草丰美的地方。土地撂在哪里，哪里便会为杂草覆盖，因此不管水田还是旱田，干农活的重点都是与杂草作斗争。林业也是一样，如果不及时清除林间蔓生的杂草，间伐和择伐一些树木，那么，满山遍野便会很快荒芜起来。

除草、伐木、放水……这些多年培养起来的习惯，到今天却产生了事与愿违的结果。

即产生了具有讽刺意味的现象：植物生长条件虽然优越，绿色却不足。

在植物生长发育较慢的欧洲的城市和农村，到处都耸立着挺拔的大树，一些职业摄影师还特地到那里为它们拍照。

由于这些关于自然的讨论所触及的都是过于现实的话题，如果突然转换到哲学的立场上来，往往会令人觉得迷茫和混乱。

例如正在进行室内绿化工程，当涉及到排水管或其他类似的技术问题时，突然有人说："这是不符合自然界的实际情况的！"在室内植树可能会被认为虐待植物，并因此决定放弃。这令人不禁有些啼笑皆非的感觉。

依据现有地形、绕开大树进行规划设计。将无法绕过的树木重新移植到周边

那就都去吃沙拉好了！把植物蒸煮烧烤后再吃岂不是更残酷么！也有人做过这样的反驳，但有些辞不达意。

将树标在图上，作为建筑平面设计时的参照

在谈到自然或者绿色时，其内容又具有不同的内涵和处延。

这一点是因人而异的。

即使热爱大自然，也会讨厌苍蝇、蚊子和蟑螂。喜欢蝴蝶却有可能厌恶毛虫，更不用说蜈蚣、蚰蜒和蛇了。尽管我们的生活与自然相伴，也不能做到像人猿泰山那样。哪怕是天然食品也要经过人工的处理，关于自然的问题有时会意外地让人感到困惑。

现在让我们归纳一下，与我们生活环境息息相关的自然或者绿色到底能有多大的范围。

夏普公司I&I会所。上面照片为主馆和小别墅，中间插图和下面照片为会所建筑

3　各种各样的绿色景观
——人工的和自然的

3.各种各样的绿色景观
——人工的和自然的

人与自然的相互联系，可以按照人工化程度做一个大致的区分，然后再加以研究。

1）原生林的绿色

真正的自然仅存于原始森林和热带丛林中。甚至可以说，只要被人发现就不能算是真正的自然。

即使在亚马逊的腹地，人们是依靠飞机或独木舟靠近后才“看见”的，也不能说对环境没有一点影响。因为即便是不靠近，人类社会排放的大量废气也会扩散到地球的各个角落。从这个意义上说，只要人类在地球上生活，真正的自然是不存在的。

假如不进行这样复杂的思考，把自然的概念仅仅理解为人迹未至的山野和森林，出于这个前提的绿色则完全与“建筑与绿化”这样的主题没有什么直接联系。

在屋久岛生长着号称树龄2000年到8000年的绳文杉群落，与其相比建筑的历史实在是太短了，更何况我们的生命有限，也不想把这些全都塞入自己的脑中。大气污染、酸雨和自然林被破坏成了人类文明整体的问题。

（由此说来，这其实是有很密切的联系的。但却不必联系起来思考，这便是我们采取的立场。一旦大张旗鼓地讨论这样严肃的问题，会使人们顿时觉得像是建立了丰功伟业一样。

“与自然共生”——symbiosis——十分重要。sym是整体，bio是生存。说到这里似乎解决了一点问题，但仅仅是替换主题反而会远离问题的核心。）

2）森林的绿色——山林的自然景观

日本国土的90%是山地，几乎全部为绿色覆盖，基本上都是林地。虽说已经遭到破坏，但仍旧算是植被较多的国家，如果乘汽车离开主要公路，出现在眼前的将是连绵不断的青山。林业的不景气，导致山林无人管理，这已成为众所周知的社会问题，看来不仅是城市，山野间绿色的质量也在恶化。在“建筑材料不燃化”的口号下，全国上下都在排斥木材的使用。目前，这已成为突出的问题。

但是，在北欧等地区，大断面的木材作为缓燃结构(不易燃烧的结构)仍被大量地应用在大型建筑上。

人人都能感觉到绿色在消失。但连用手触摸木料的感觉也不再存在，有人体会到了么!

石川县林业实验场展览馆，一座巧妙地建在自然地形中的建筑

在地方上的小车站，长椅、栅栏和标牌大都用木材制成。在樱花盛开的场所，会令人产生一种无法用语言描述的平静和安全感。

将这样安适怡人的生活环境完全摒弃，其理由只不过是怕木材会燃烧和腐烂。

日常生活中随处可见的是由钢铁、塑料和水泥制成的物品，这并不正常。其实，作为普通的公共汽车站，造一间木屋也没有什么不合适。新干线车站的暂设房屋如果由大型集成材建造，一定会为旅途增加一些景致。

说到木材容易腐朽，历经1300余年的法隆寺至今仍坚固如初。如果只是怕腐朽和不牢固，可以采用伊势神宫那样定期改建的方法(假如以定期改建的形式分别采用吉野杉和向日扁柏来构筑日本铁路车站，结果又会怎样呢)。

谈这些可能有点跑题，有次在过疏地区对策事业规划中，采用了圆木搭建校舍，并用杉树皮盖屋顶。或许是为了博得好评，当地人自作聪明，又在前面的广场上栽了棵歪歪扭扭的松树。紧接着又有人在广场中央立了一根带钟表的铁柱，并在铁柱底座部分写有“友好·○○俱乐部”的字样。随后又在其两侧开挖了两条溪流，用混凝土块砌成堤堰，简直越改越不像样子了。

在过疏化得到控制的同时，过疏地区在不知不觉间也蒙上了消极意义上的城市色彩。

以安全方便的名义，人们出于良好意愿做出的行为，却导致了景观整体和谐被破坏的结果，这样的例子不胜枚举。在自然界中，越是绿色丰富的山林地区，越有必要做出细致周到的环境规划。

瑞士的自然景观被公认为是美丽的，其实那也是经过多年的培育后形成的，应该说是一种人工的自然美。

就连道路、扶手、栅栏、花钵和标牌都是在经过仔细研究了它们之间的对应关系后才建起来的。如果在铺着混凝土的河岸上架钢铁护栏，再摆上一列塑料的植木钵，还会有人到这里观光么。

乡村风光

3) 乡村的绿色——田园的自然景观

除了北海道和冲绳，日本各地的田园风光大致都差不多。首先近处能看到的是菜地和旱田，水田十分平整，平地总是不知不觉间便与山连在一起。山与山之间比平地稍高的地方会立着几排房舍，山坡上的房屋一般都向阳、通风，视野比较开阔。各家周围分别以石墙、树篱或土墙适当地分割开来。在房屋背面能清楚地看到生长着杂木林和竹林的山野，再往里去便是郁郁葱葱的山区林地。

从前小学校里传唱的歌谣中，大多描述的就是那时乡村的情景。

夕阳染红了天边，山上的钟声响起……

高槻市森林旅游中心管理处

斜坡屋顶的侧面写生画(人字屋顶)

红蜻蜓在晚霞中飞来飞去……

在山上追逐着野兔，在河中乘小舟垂钓……

春天里小河的水潺潺流淌，

岸边的紫花地丁与荷花竞相开放……

秋日的夕阳辉映着满山红叶……

菜花田笼罩在落日的薄暮中……

春天仍吹着寒风，黄莺却在山谷中歌唱……

还有歌诵大海的：

清晨，假如你在海边徜徉……

驶向雾霭消散的港湾……

港湾和船只彻夜通明……

等等，类似的歌词有很多。

也许这一期间的自然和人造景观恰好与人们的内心情感相吻合，才引起大家创作和吟唱的冲动。

可是不知不觉间，大海和河流岸边完全被混凝土覆盖，钢骨水泥的校舍与半圆形屋顶的体育馆并列在一起。城市的混乱已经令人触目惊心，在一些远离城市的地方则更是变本加厉。

几年前，我曾有幸到苏格兰和威尔士转了一圈。走了一程又一程，在平静的大自然中，星星点点地散布着历史悠久的城镇、村庄、小桥和河流，在绵延不绝的秀丽风光中看不到一个广告牌。我不禁为之感叹。那里几乎找不到一座现代建筑，即使有也是采取一种隐蔽的手法建造，从四周根本无法清楚地看到它。不用说，建筑的内部装潢是很现代的。虽然在经济上被认为是停滞不前，却让人们重新领略了固守传统的分量。

从绿化与建筑这一主题出发，该如何做才能重现抑或是创造出美丽的田园风光，是一个非常重要的问题。

在一定层次上我们已经认识到：以目前的方式构建的现代建筑与日本本土的风景是不和谐的。合理的要求也许就是将建筑作为单体看待从而产生某种美感。但是如果认同了这一说法，就好比一辆很棒的赛车。不管摆在橱窗中是如何的光彩夺目，一旦放到停车场中去，顿时会变得像堆破烂。

为了避免这样的弊端出现，仍然应该采用老一套的手法：使建筑与周围的景观融合。

将大型建筑分解成数个单体

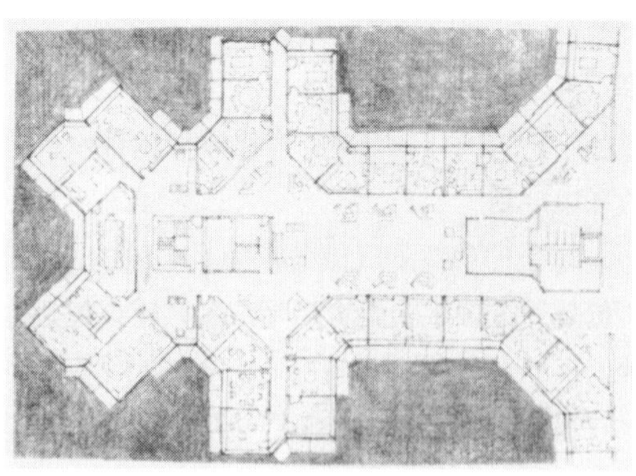

2300个房间全部朝向外面(右图之平面)

斜坡屋顶的剪影，一面坡型(左图的变化型)

为此，首先应该将大型设施化整为零。过去设计建筑大都采取这样的模式：大而全，将所有功能都集中在一座建筑物中，即所谓“盒饭”或“食盒”的模式。无论是100坪、1000坪还是5000坪(1坪=3.3m²)，全部挤在一个盒子中。最后，建筑物势必成为大块头，庞大的体积会使其无法融入自然的褶皱中。我们要做的应是将这个大块头尽可能地分解成多个单体，使之变得更舒适，相互之间形成很多的空隙，再用绿色来点缀。

假如换成这样的做法，与自然之间的协调就会容易很多，并大大改善了生活的环境。

现在正流行着一种“智能大厦”的说法，然而智能化的终极形式应该是一个充满自然气息的环境。在处处都是电脑的办公室中工作，能使身心松弛的绿色是不可或缺的。在美国一些城市的郊区，与此类似的大型低层建筑正在不断涌现。

凯文·洛奇设计的联邦电石公司总部大楼便是其中较为突出的代表，楼内的2300个房间全部朝着共享空间开放。各个办公室都可以看做是私人的书房，从桌椅到地板和装饰品，从古典到现代的各种风格，一共有30多种类型可供人们选择。乍一看，或许会让人觉得有些奢侈，但是你将听到这样的解释：之所以采用现在的方式，是从过去的由活动隔断而形成的理想办公环境中受到的启发，显然这样的办公环境是能大大提高工作效率的。而盒子型的建筑与之相比在功能方面显然要差很多。

要想将建筑物的侧面剪影融入自然环境的另一要点，仍然是用老办法：采用斜坡屋顶。

75年前，永井荷风这样写到：

“请你试着观察一下寺院的屋顶、房檐和回廊，日本寺院的建筑无论建在山上、河边、乡村还是城市的任何一个地方，都一定会与周围的风景、树木甚至天空融合在一起……”(《晴天木屐》)。

联邦电石公司总部大楼(美国·康涅狄格州)(引自凯文·罗奇作品集，左图同)

最近，人们又有了重新认识木构校舍优点的倾向。不过，想要一切建筑都由木造，并为之盖上斜坡屋顶，在目前看来也太勉强。像厨房、化验室之类的建筑就不适合采用木结构，另外全部采用木材建造的房屋通常会令人觉得阴暗。正确的做法是，在采用钢筋混凝土或钢结构的同时，再设计出一个关键的木造斜坡屋顶，这不仅是任何人都可以做到的，而且还能引伸出各种各样的变化。

不单是学校，如果在农协办公楼和医院等处都能采用这个方法的话，全日本的田园风景就会变得更美了。

多年来，我一直将开发研制太阳瓦作为自己的理想。瓦本身具有贮存和释放太阳能的功能，大量采用这种瓦来铺屋顶，可以起到明显的节能作用。人们都争先恐后以太阳瓦来构建房屋，就连原来的平屋顶也改用了太阳瓦。尤其值得庆幸的是，全国的工厂和仓库为了提高效率都在铺砌瓦屋顶。歌谣里“一排排的瓦屋脊，一朵朵的白云”那样的田园风光又重新出现在国内的各个角落。这不仅美化了旅游观光大国的形象，也不再需要建设更多的核电站和树立更多的电柱了。

我们迎来了清洁、绿色的21世纪。

4) 街区的绿色——城市的自然景观

公园、行道树、绿地和河川构成了城市的绿色景观。但这些绿色无论从品质上还是数量上都远远不能满足要求。

这个问题要从头说起。

首先谈谈城市的起源，假如避开这个问题，有关绿色的种种疑惑会更加难以解释。

在英国伊丽莎白二世女王访问日本时发生过这样的事：她曾听过一些关于日本是公害大国的演讲，访日后的第一站到了皇宫，当昭和天皇向她介绍皇宫说，这里是放野鸭子的，那里是用来种水稻的……，一切几乎令她听呆了。

人口密度极大的日本首都东京中心竟然是一片人口密度最小的田园！众所周知，连英国的白金汉宫都必须面对着街道。

像欧洲和中国这些大陆国家，在城市起源方面与日本完全不同。

在大陆，突然有一天会跑来成群肤色和语言都不同的人种，转眼间杀掉男人，并使女人沦为奴隶，最后将这片土地完全征服。因此，为了生存下去，首要的是修筑城堡。城堡需要依靠人力建造在自然环境中，城堡也是人们聚居的场所，所谓城市就是城堡，人们必须在城堡中生活。

这样一来，城堡便成为一座精心设计的、立体的、高密度的建筑。罗马时代的城堡有的如同五层楼的公寓，甚至还布置有下水道。为了能在这样狭小的空间里生活下去，相互之间确立了个体的存在，如果不能随时显示自己的作用，便会消亡。

所谓共同体即指在这样一个范围内的人们的居住地。如果用西部片中的情节来说明的话，那就相当于带篷马车队中的一群人。

皇宫是东京中心的田园

白金汉宫(伦敦)

城市即城堡。吕贝克市(班贝格附近)的模型

当人们决定在某地定居下来，便会建教堂、修学校，聘请牧师和教师。而且还要相互分配工作，你是市长，他是治安官……。所谓自治，大体上也是源此而生，在这里完全不会有统治之类的想法。伦敦、巴黎、柏林、罗马、阿姆斯特丹……，欧洲所有的城市都是城堡城市。

日本的情况则不同，因为四面环海，牵强地说，只能把整个国家当做一个共同体。无论城市还是乡村，关于共同体的意识都很淡薄。住宅小区已经有10年以上的开发历史了，但高层公寓间留出的公共空地仍旧是人迹罕至。这也不奇怪，住在那里的人们是绝对不会到空地去与人随便交往的。

在日本，城便是诸侯的住宅，发生战争时武士便会拥到这[10]，而其他人却站在一旁观望时常会发生的战斗。说到战争其实不过是一场内乱，是阋于墙的兄弟之间的决斗。所谓民族和文化的相互碰撞即源自看问题的立场不同。

日本的城市是在城寨和寺院周围展开的、人口密集的村落。

本书第32页左上角，作者以图解方式粗略地将具有欧洲色彩的城市与日本的城市做了对比。

一边看这张图表，一边重复本来就对立的各种用语，可能会产生各种争议。譬如，种稻→平整的地面→造梯田，畜牧→平缓的草地→斜顶住宅，从这个意义上看，这张图表还是很有参考价值的。后面我们还要请读者做深层次的思考。

现在，让我们再来关注一下公园、广场和行道树这些历史上不存在的东西，看看城市的绿化状况吧。

吕贝克市的城门

城门里便是城市

大陆城市	日本城市
人工建造	没有边界
自然组合(广场、公园、行道树)	自然散布(寺院林、宅基林、水池、庭院)
城堡城市(精心设计)	城下町、城门町(自然产生)
立体、闭锁	平面、开放
高密度(建筑物集中)	不存在共同体、自闭形态(内宅、壁龛的花)

吕贝克(前页)的市中心

5) 公园的绿色

在观看欧洲国家的电影时，经常能见到政府要人或间谍头目在公园里会面的镜头。这在日本会令人费解：稍有身份的绅士不会选择公园作为约会地点(多半会选在饭店等处的内宅客厅里会面)。再说，也没有公园。不像欧美国家任何一座城市都有引以自豪的公园，如果实地去看一看，确实都很漂亮。

在日本尽管也在大力提倡兴建公园，但能吸引外国人来观光的却连一座也没有。

这是为什么呢？

我认为理由有如下几点。首先，公园在日本并不存在历史的渊源。

人们普遍认为，在日本的城市中没有必要建设公园。

试想一下京都的情况：四周为群山环绕，几条河从市内流过(不过有一些如堀川大道那样的现在已成为道路)。

令人难以置信，这样的地方也能被称做公园

在宫殿(御所)和内城(二条城)等处有宽敞的庭园和举行庆典的场所。不管是神社还是寺庙全都带有院落，是一处任何人均可利用的公共空间。住宅用地内也同样辟有庭院，甚至细长的门市房也全都附设有中庭和小花园。

由于不通马车，因此街道尽管还是道路，但同时也是举行各种活动和夜晚纳凉的生活空间。街道上和寺院内设有各种集市，到了祇园节和葵花节时，街道便成为举行盛大庆祝活动的场所。

该怎样形容燃起大文字火的夜晚才好呢，彼时会出现一个由三面的山峦和街市相互呼应构成的难以名状的空间。

还有一些可以游历的名山，如岚山、嵯峨野、八濑、大原、山科……，等等。不必去公园，城市里到处都是开放的空间。

即使到了明治和大正年间之后，“东京不仅在市内，甚至连周围的近郊地区也在开发着。然而，值得庆幸的是，在寺院内、私宅内、山崖和路旁还是保留了许许多多的树木。

如果说今天的东京还有几分都市美的话，我敢断言，其第一因素是仰仗了树木和流水的存在。覆盖高地的老树和流过下町的河川是东京最值得珍惜的宝物。像巴里巴里这样的题材，只要有了寺院宫殿剧场之类的建筑，纵然没有树木和流水也可以说得过去。然而在东京如果少了郁郁葱葱的树木，那壮丽无比的芝山内的灵庙便无法保持它的俊美和威仪。”(永井荷风《晴天木屐》)

燃烧的大文字火

可是，这时城市已经出现混乱的局面，“市内的名胜被破坏殆尽，甚至连遗迹都无从查找。江户川的岸边被水泥覆盖，鸭跖草的花也不见了。面向樱田御门外和芝赤羽桥的空地上，土木工程正干得热火朝天。”(同前)

这样一来，为了营造几处满布绿荫和流水的城市环境，公园便应运而生了。

公园一词最早见诸公文，是于明治6年(1873年)由太政官颁布的告示。这时，各地已经在兴建一些类似公园的场所，其中一部分是由皇室赏赐或富贾捐赠的(此前“park”一词被译为“游园”)。

在立法方面，昭和6年(1931年)颁布了《国立公园法》，昭和31年(1956年)制订了《城市公园法》，说起来公园的历史只不过30多年，有些不成熟的地方，也并不奇怪。

至今尚无一处优美公园的原因在于公园的建造方式。

众所周知，建公园的工作是需要费些工夫的。通常公园都由政府负责兴建，或在其指导下责成民间施工。建筑也大多是由政府建造的，但是建筑的功能千差万别、包罗万象，是一个十分复杂的工程。所以，建筑物的风格特色主要由建筑师的水准决定，在设计过程中他甚至可以超越官僚们的意志。这让我们想起了丹下氏设计的奥林匹克运动中心和东京都厅舍新址，如果是外行的话就连插嘴的份都没有了。在日本，知名的建筑家的大作几乎都是公共建筑。

但是，谈到公园，人们却对它应具备的功能淡然视之。到最后不外是栽上几棵松树，或是摆上几块石头，一切都须听命于那些有权势的门外汉。

麻烦的是，那些土木部公园科或城市规划科公园股中的政府工作人员，大都是土木专业出身。

中央公园(纽约)

伯利兹公园(R · 塞奥设计／纽约)

纽约现代美术馆的中庭(造园由 R · 塞奥设计)

土木专业是学习从事修大坝、掘隧道的技术，因此，说到类似“降水概率”这样的概念，并非指天气预报中的内容，而是要对50年一遇，或100年、200年一遇的大雨采取何种对策而做出的量化的解释。从治山治水的角度出发，必须将大量雨水汇集起来，使之排放得越快越远，直至最后泄到大海里去。他们的出发点是能防备100年一遇的大雨。

这么做势必要在青山和公园中挖掘出一条条排水沟，否则便难以放心。在头脑中防灾意识占据了首位。其次是维护管理的问题，要能进入修剪树木的卡车，还有消防车和救护车。让土木专业的人插手，公园的图纸顿时布满了密密麻麻的道路和排水沟。步行道的宽度应容消防车通过，排水沟的尺寸大得足以应对100年、200年一遇的大雨。扬声器、路灯和长椅可不能损坏或腐朽，脚座周围的地面需用混凝土覆盖起来。不知出于什么想法，最后还要用水泥夯实，并涂上红油漆。

如果请土木技术人员来维护神学院离宫，他们依旧会修一道混凝土的挡土墙，或者一条斜坡的绿化带！就算是在桂离宫，也敢于用沥青来铺装园路。一座座不具本质特点的公园就是这样被建起来的。

这并非哪个人的错，乃技术体系的应用使然。以造大坝的技术来建水池和喷泉当然是勉为其难了。

公园和绿化是城市的庭院。因此即使100年中有一次被水浸泡也应无妨，只要在剩余的99年里的每年360多天都是美的，才是最重要的。

解决这一问题不能一蹴而就，因为自建设省以下，全国都在以错误的方式建造公园。

顺便提一下，欧美的公园都留下了设计者的名字。纽约中央公园的设计是经由公开招标而选中的F · L · 奥姆斯蒂德(另有一合作者)的方案(1858年)。奥姆斯蒂德有山有水的自然布局取得了巨大的成功，之后在各地设计了许多公园(翻阅一下造园史，关于某个公园是由谁在哪一年设计的，后来又由谁对其进行了改造，这类记载全部都可以找到)。

说到现代，如劳伦斯 · 哈尔普林的作品(尼科莱特林荫大道、拉普乔伊广场、锡兰奇等)、著名的微缩景观公园伯利兹公园的设计者罗伯特 · 塞奥、福特财团大厦和奥克兰美术馆的设计者D · 基利……，这些造园家的名字连我们这些建筑专业的人也都知道。

至于日本的公园，设计者的名字则很少被人提起。

我们也知道几位优秀的造园家的名字和他们的代表作品，但他们似乎很少从事公共造园的工作。

或者有的也曾干过，但后来由于某种原因与当时的权势者发生了争执，名字便被埋没了。又或许他们也没能建出几个真正可称得上作品的园子。

据说在国外有不少造园家正在参与一些重要的项目，可日本的公共造园业(无论是政府还是公共团体)却没有培养自己的造园家或景观建筑师，更没有提供能让他们施展才能的舞台。

福特财团大厦(造园由D·基利设计)

奥克兰美术馆(加利福尼亚州)

事态发展到今天这个程度令人感到十分遗憾，作为具有优秀庭园传统的国家，数不清的人们从世界各地来到日本参观学习。另外，作为公共投资，政府也在这方面花了不少的钱，可是一切都难以令人满意。如果读者是位政府官员，希望能认真思考这一问题。

对于建筑业的人来说，建造好的公园设施应是责无旁贷的。近来，一个令人振奋的好消息传来：公共厕所将要重建。一想到总算可以摆脱那肮脏的地方了，不由得松了一口气。建造令人满意的公厕和休憩空间也是今后一段时间大家应为之努力的工作。这样的项目一般都不大，大的设计所不愿接手，只有一张图板的小设计所就足以胜任了。请各位都加油干。

6) 行道树

关于行道树了解得不多，至今尚搞不清楚它与林荫树的区别。为防止与电线接触，日本的行道树几乎都被修剪得很小，所以难以看见在国外到处都是的挺拔大树。这一点神户市做得很好，他们不考虑电线的情况，任由树木生长，体积膨胀。如果因台风而发生故障，就由这里的居民来决定是砍掉树木还是绕开电线。其实更为有远见的做法，是号召全国的自治体相互借鉴，尽早地移开电线。

英国的曼彻斯特市自1882年制订、1890年修改相关的法律(Electric Lighting Clause Act)之后，城市里的电线已经全部被移入地下。在这一点上，日本又落后了100年，即一个世纪以上。

波特·伯奇奥。土木和建筑本来应为一体(佛罗伦萨)

挺拔的林荫树(巴黎郊外)

假如全国到处都是相似的树木排成相同的间隔，到底好不好呢，这恐怕还是个疑问。

道路本身不管延伸到哪里宽度一直不变也不一定合适。有人说，总是把房屋排列在道路两侧并不是聪明的做法。

路易斯·康说:“能够设计出好住宅的人就能设计城市。”真是一个大胆的说法(反之也可以说，连住宅都设计不好的人怎么能去设计城市)。按照这样的思路，我们就可以在规划街区或其中的一段时，不像现在这样的千篇一律地设计带行道树的道路。

假如把道路当做建筑物中的走廊，谁也不会沿着宽度相同的长廊两侧布满房间，一定会留出大厅、水池、阶梯、斜坡和共享空间这些地方，力图营造一个富于变化的空间。建筑尚且应如此，何况城市呢。

比如仙台的林荫道，主要街道均为浓密的绿荫所覆盖，令人觉得神清气爽。然而，如果整座城市到处都是如此也不见得合适。偶而见到一处空旷一点的地方，或在街角处只栽一棵大树，又有何不可呢。基于这一点，我认为并非是只要有了行道树就万事大吉了。

在高水准的住宅区，各家都以不同的树种来装点街道。获市的街区土墙上到处都栽种着柚子，仅凭这一景观便吸引了不少的观光客。在西班牙，我还见过栽种百日红的林荫路，也非常美。将同一树种排列在一起固然是对的，但加入一些开花结果的树木将会产生怎样的效果，这又是一个与周围环境有关的总体规划的问题。

百日红的林荫树(塞维利亚)

连绵不断的绿墙(巴黎郊外)

排柱一样的林荫树(巴黎郊外)

使视线集中的林荫树(哥本哈根)

道路本身应更富于变化，应让建筑物跨于其上

7) 住宅的绿色

关于住宅与庭院、建筑与庭园、建筑与绿化是经常提到的话题，这里不再赘述。

不过建筑与庭院这两者一直存在着相辅相成的关系，这一点我们只要想到桂离宫的例子便很容易理解。桂离宫如果建在沙漠上，其价值可能会大打折扣。庭院建得再漂亮，建筑却是下等货色，那庭院的价值便会荡然无存。只有两者浑然一体才会带来艺术感染力。

道路穿过建筑物(哥本哈根)

香榭里舍大街(巴黎)

凡尔赛宫的花房(巴黎郊外)

(同左图)侧面阶梯，上面为主园

两者之间的相互关系还在于，建筑总是让人意识到庭院的存在，又不会略过庭院；庭院又是对建筑的补充。

遗憾的是目前的状况让我们看不到建筑与庭园之间的有机联系。建筑和造园在不知不觉间已被分割成两个不同的专业。专业分工是历史的趋势，非人力可以遏止。但分开后的两个专业如果不能齐心合力的话，仍将一事无成。

本书试图在这个方面做些拾遗补缺的工作，并愿意率先从建筑专业的角度来反思自己。近一时期的建筑，在设计理念上显得很混乱，大多不太重视配套的庭院和周围的环境。甚至出现这样的倾向：为了提高地块的利用率，在预算中压根就不把造园考虑进去，最后只能用剩下的一点点钱来搞造园为建筑装装门面。当初如果采取这种做法一定不会建成现在的桂离宫！我们决定在本书的技术部分专门讨论该如何应对这一问题。

8) 室内的绿色——室内绿化

室内栽培植物的传统，在日本没有。但是，在欧洲的古希腊、罗马却很盛行。他们用透光的石板铺砌屋顶，以油纸密封住接缝处，让盆栽的柠檬、蔬菜和鲜花度过严寒的冬季。

像凡尔赛宫那样的地方，就如同是一座植物园，花房里培育着柑橘类树木，在这里培育的果树和草花全被用来装饰房间。

随着航海事业的发展，亚洲和非洲的珍稀植物被带入日本，人们开始争相追逐起异国情调来。所谓的宫廷园艺也纷纷仿效英国和法国，一时间没有温室的贵族生活仿佛成了不可思议的事情。

汉普顿公园的花房。外观

(同左图)花房内培育的葡萄(伦敦)

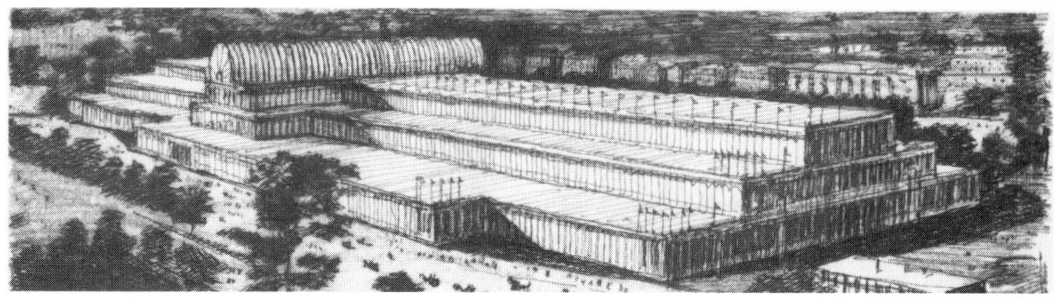
伦敦万国博览会(1851 年)中的水晶宫（J.Hix 据《The Glass House》一书绘制)

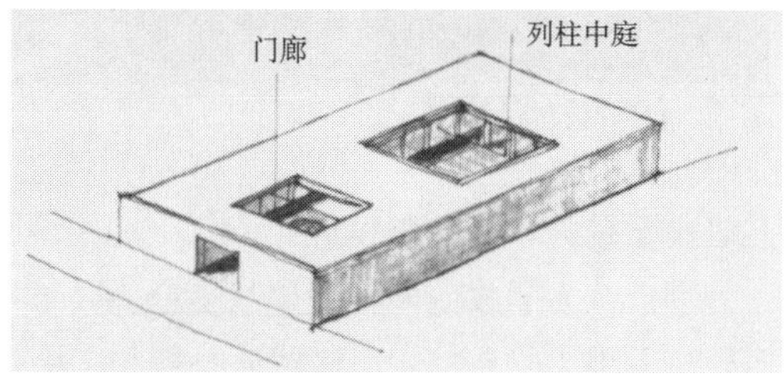

罗马时代住居门廊模型图

移建的西特那姆水晶宫内部

温室不仅能用来观赏各类珍稀植物，还可以培育水果、香料和草药，饲养鸟兽，人们甚至愿意在里面进餐、开晚会和举行舞会。

温室技术的迅速发展，使得19世纪中叶的英国博览会能够建造一座像水晶宫那样长550m、宽130m的巨大温室。据说设计者约瑟夫·帕克斯顿本是造园家出身。

伦敦皇家植物园的棕榈温室至今仍是一座最美的温室，并且还在继续使用着。

温室建筑不久便朝着由钢铁和玻璃构成的现代建筑方向发展，温室便成了现代建筑的鼻祖。

明治时期才开始引入观赏用温室的日本，情况则完全不同。

皇家植物园的棕榈温室(伦敦)

米兰的玻璃顶拱廊商业街

有顶步行街(日内瓦)

有顶步行街(伦敦)

圣经旧约中说,亚当和夏娃被逐出伊甸园。伊甸园是传说中的乐园,到处是鲜花和绿荫,人们都一丝不挂地生活在一起。亚当和夏娃便成为人类的始祖。欧美人对美好事物和天堂乐园的憧憬,与我们的精神基础总是有些不同。

作为一种流派,有的温室设有共享空间。

希腊、罗马时代在建造住宅时,以墙壁围成一个院落,进入口之后是前院,作为户外空间也称门廊(Atrium);里面由排柱围起来的地方叫主院,也称列柱中庭(Peristylium)。

后来,人们把玻璃屋顶的大厅也称为共享空间,这一传统由来已久。

1877年,米兰建成的Galleria Vittorio Emanuele II,还不能算是共享空间,应称为有玻璃屋顶的拱廊商业街。日本在战后也出现不少有棚的商业街,并引起美国等国家的关注。我在留学时,就有不少人在研究浅草的仲见世商业街,并取得显著成果。今天,世界各地已出现不少吸引人的有顶步行街。

温室风格的建筑、共享空间和有顶步行街一类的设施正在大量涌入城市空间,今后还应该继续涌入。

说到室内绿化,自然离不开有关盆景和插花的话题。

将植物尽可能培育得粗壮和繁茂是园艺的工作。与此相反,盆景的技艺就在于将植物缩小。与植物生长困难的欧洲情况不同,日本的土地状况是为草木繁茂发愁。

因此,为了改变植物旺盛的生命力,便将其凝缩于小小的花盆中。榉树还是榉树,松还是松,杂木仍旧是杂木,只是外形被缩小,原有的品性依旧得以体现。

只有一次,我有幸亲眼目睹了荟萃一堂的珍品。其中有德川家康的珍藏品和宫内的贡品,均有150年到300年的历史,陈放在那儿散发出一种动人心魄的力量。

把鲜花剪下用于插花是日本特有的技艺。

当周围处处都是鲜花时,轻轻地摘下来装饰一下餐桌什么的,要表达的不是西洋的情调,而是人的自然的情感。

插花艺术并非是简单地把很多花塞到瓶子里去,与盆景培育相同,是追求最大限度地展现花的美,去掉多余的部分。如同拔除田圃里的杂草,插花时也要清除夹杂物,但必须掌握适当的分寸。超过这个尺度,剪多了,就会让花本身的美消失。总之,要将花、枝、叶,还有器皿平衡起来,做到和谐统一,摆放起来才具有观赏价值。

如果把鲜花剪成两半,鲜花会立刻枯萎。

我们总是说植物的发育如何如何,从某种意义上讲,正是表明了植物的脆弱(仙人掌由于发育很慢,因此即便在地上滚来滚去也不会枯萎)。把鲜花剪下来再插活它,似乎象征性地显示了生命的无常。

有飘窗的食品厂。锦堂总部大楼(广岛市)

<同左>从室内看飘窗

插花时，茶花只需用孤零零的一朵，并且是含苞待放的花蕾。与开放的花相比，花蕾更能表现出生的余韵，受到人们的喜爱。

摆放栽有观叶植物的花盆、或在瓶里插上花来装饰房间与在壁龛中悄悄地插花相比，两者之间无需论什么短长。两种朝不同方向发展的形式该怎样适应今天的生活，这才是我们应关注的。

只要以简约精炼的美学观点来审视就不难发现，与今天的城市面貌格格不入的是庭园绿化。

在车站台阶下面等一些场所，像模像样地也摆着一些花，还标出了流派的名称，然而在昏暗的环境中被尘土落满，没有一点美感。假如让这些盛开的花随意布置在那里，再以聚光灯照射，将会大大地提高展示的效果。

年轻时曾在纽约和旧金山过圣诞节。在洛克菲勒中心一带排列着巨大的圣诞树，公寓的窗口灯光在闪烁，一个幻想的世界在眼前展现。在郊区，各家的前院也被装饰得千姿百态，这里人们还用圣诞树装饰窗缘，小巷里处处是难以言表的光的景象。这时家家的窗口都变成了陈列橱窗，让人看得目瞪口呆，不由得感叹："圣诞节原来是这样……"

今天几乎所有的人都知道，欧洲有着用鲜花装饰窗缘的传统。窗边挂上鲜花不仅从街上望去很美，即使从屋里向外望，鲜花掩映在逆光中也很漂亮。

三角形的飘窗。"加茂新城会所"

半圆形的开口部，一种壁龛形式。"I&I 会所"

路边园艺……，形形色色的容器被摆放在路边

普托·肖蒙公园(巴黎)

现代建筑抛开窗的概念，往往只设开口部或影壁。密斯·凡德罗设计的范斯沃思宅和P·约翰逊设计的玻璃住宅将这一点推向极致。这种设计手法如果用在被大自然包围的环境中固然可以，但在拥挤不堪的市中心，所有的建筑都贴上玻璃幕墙，相互对峙着，还谈什么美感！有鉴于此，决意把壁龛也建到面向外部空间的位置，成为公共空间意义上的壁龛。从与自然及周围环境的相互联系来考虑，窗和开口部或壁龛的形式就具有了无限变化的可能性。

近来人们对园艺和观叶植物的热情急剧升温。作为一种馈赠品，花卉具有极大的自由度。在物质极为丰富的今天，往往为应该送给一个人什么礼物而拿不定主意。在这一点上，花草便有了优势，即使会与别人重复，也仍然当之无愧地成为第一选择。许多年前一个人送给我的盆花，至今还有几株在家里摆放着。与插花相比它的寿命要长得多，因此为我们所喜爱。

虽说花草总量在增加，但从欧洲等地旅行归来时，又再一次为日本的户外和室内缺少花草而感到震惊。不管是城市还是乡村都看不到花，不信你到大街上走一走，或是在旅途中加以留意。其实四季都会有不同的花开放，只是这里一株，那里一簇，不为人们所注意。这与国外无论怎样偏僻的农村只要有人家，周围就一定会被鲜花所装饰而大相迳庭。有时我甚至会想：日本人真的喜欢花草树木么？这是错觉吧。

到了城市的街道，会见到被称作“路边园艺”的植栽作品，即使是十分狭窄的空间里也进行着绿化工作。可惜的是，几乎都是些外观花哨的东西，并没有给人留下美的印象。什么样的植木钵都有：塑料盆、木箱、发泡苯乙烯、色彩各异的植木钵等，简直成了收容废品似的装置，栽入的东西也千奇百怪，令人无法理解爱花之心到底表现在哪里。我们看到这样一种国民性格：只着眼于花草，而不注重它与整体环境的和谐和共生。或者可以说，培育花草和以花草装点环境目前还处于混沌状态。

标本化的假植物(伪绿色)

石山、河川为仿岩建造，小桥由仿木材料建造(同左图)

这座山石组其实是由塑料(FRP)构建的

让我们来看弗兰克·劳埃德·赖特的住宅作品，在设计中他甚至将户外摆放的植木钵等作为建筑的延长线也考虑进去!建筑师不是也应该考虑设计出回应路边园艺家们的热情的大门、围墙和外墙来么!

9) 人造的绿色

租摆花木这种做法开始流行大概是1960年以后的事情。

近来，原先租摆的花木又被一些塑料制品取代。曾有个饭店的形象树制作得十分精巧，即使走到跟前用手触摸也难辨真伪，实在令人叹服。

翻开办公用品制造商的样本，里面介绍的产品，也有许多被称为“艺术树”、“顶级绿色”之类的办公室和大厅用品，价钱很便宜。

不知不觉间，一些商业场所都被这类东西装点起来。在有照明的情况下，它们显得比真品还要生动。

人造的塑料花，曾一度被人们轻蔑地称为“香港花”。它的枝叶都是用从真花木上取下的枝叶作为模型巧妙复制的，从不同的角度看，也算巧夺天工的制品。

遗憾的是，至今我也没有想清楚：该怎样看待这种人造物或仿制品，把它称做伪绿色合适么?很想求教于读者诸君。另外，我也找到几条给不出答案的理由。

● 有仿木的东西存在。当你听说有的栅栏和游乐设施是由仿木材料制成的，或许会感到不放心甚至气愤。然而，巴黎的普托·肖蒙公园早在1867年便用仿岩和仿木材料来构建内部景观，历史够悠久的了。

因为书上做了介绍，所以一看便知道是假的。但许多年过去后，如果没人告诉你，自然就不会注意到。

仿木的东西之所以会破坏人的兴致，或许是因做工的粗糙所致。但有时情形正好相反，越是做得精巧越是令人感到厌恶。说到底，我们面对的不过是一段木头。

● 在不同场地铺设人工草坪已是常见的事。现在已很少有人抱怨，为什么不在运动场馆栽植真正的草坪。

许多的咖啡馆和餐厅的玻璃橱柜中，都陈列着样本和样本的价格。那些样本大都是由蜡精制的，涂上颜色后，显得十分精美。作为一种技艺已经达到了很高的境界。

人们在望着它时，并不在意它是假的，而是在思索这些食品与价格是否相符。

一些外国人往往会赞同这一做法，说这是在语言不通的情况下招揽客人的最佳方式。在法国的高级餐馆，是将当天的菜谱写在黑板或纸片上，然后挂在入口处。但在旅行指南中，又会告诫观光客：“请仔细分辨手艺人书写的拙劣文字……”，否则往往容易发生不愉快的事。

至少对于旅行者来说这不是一种稳妥的做法。香榭里舍大街上开着汉堡店，全美国都能见到寿司店，在一个全球化的时代，将食品的样本对外展示的方式说不定会让它们走出国门在国外流行开来。

在一座酒店的中庭里有一座巨大的岩盘造型，水流自顶部倾泻而下，显得十分有气势，也很耐人寻味。为了今后也能造出这样的景观，我曾经数次为其拍照。可是后来听说这是用塑料(FRP)制作的，心情顿时变得复杂起来，不知是应该赞许还是贬抑。

在日本铁路新大阪车站前面，矗立着一座由叠放的饼状石块组成的造型物。看起来像是被铁柱什么的牢牢地加固着，即使发生地震也不会有危险。琢磨半天才知道这也是塑料制成的。

由于是以天然石块为模型制成的，很接近雕塑中的复制手法，又或者被认为是件超现实主义作品。

酒店等处的瀑布和流水中的石组在很早以前就由FRP材料制作。在近处或人手可触及的部位大都采用真的材质，而铺在水中的塑料，因为上面还布满苔藓什么的，除了制作者之外没人能分辨清楚。

雕塑家和造园师将石块组合起来，形成各种形态。限于运输、起重等方面的条件，不得不以此为模型复制，再安装到指定的地方。也许应该把这看做是造型和造园的一种技法。

作为建筑材料的一种，仿石材料长期以来被广泛应用。通称为合成树脂板或人造大理石之类的材料，如果说是仿制品当然也可以，但其中的许多优质品种已经在市场上站稳了脚跟。在许多情况下，比如在水的周围，很难说该用实木板材，还是该用耐热而又不变形的树脂板。究竟应该把塑料制品看做假东西，还是应该看做由塑料或合成树脂制成的真材料，同样是一个问题。

合成纤维的情况与此相似。由于尼纶和维尼纶的出现，服装界也为之一变。不过对这一领域过分生疏，且又离正题太远，我们不宜深入讨论下去。真货、假货、替代品、仿制品……，这些概念通常在时装界被认为是很复杂的事。

义眼、义齿、假手和假脚等都是医学方面的词汇。对这些我们知之甚少，如果深究下去，说不定会碰到器官移植是否合理的问题。

究竟真是什么，假又是什么，在二者之间能否用一条线连接起来？自然、非自然、反自然又是什么？色即是空，从宗教的角度上看，一切活着的东西都不过是虚无的躯壳。深入到哲学领域中去，我们也找不到足够的论据来证明自身的存在。

干花装饰随处可见。由于干花也可以插入花瓶中，因此花也不一定非得是活的了。

艺术花、花艺术已成为采用各种材料制作花的工艺的门类。其中有的因系手工制作、质朴粗放而被人们所喜爱，而有的又极力追求以假乱真的效果，不一而足。

说到工艺、艺术和美术，那么风景画、花鸟和山水一类描绘自然的作品算哪一类呢？我们又很难断定这些就是自然的图案化。这些都与写实、具象与抽象、模仿与创作等艺术论上的问题有关。

在迪斯尼乐园，人造动物和假人像真的一样做着各种动作、发出各种声音，其精巧和奇妙令人惊叹，使得观光者蜂拥而至。就是在室内也到处布置了人造植物。

最古老的植物园(药草园的始祖)，帕多瓦植物园(意大利)

茉莉花拱廊、卡尔洛特庄园(北意大利)

关于人工和人造之类的问题难以计数，认真想一想其中道理也挺深奥。

如果把城市、建筑和庭院看做生活的舞台，背景和小道具作为布景，我们可以断然地认为，不管真的还是假的，只要放在一起效果好就行。如同现在见到的，城市生活已经这样展现在我们面前。

反之，以不用日照和浇水的人造绿色景观、伪绿色和人造花来装扮我们的日常生活是乏味的。只有在祈盼鲜花盛开，永不凋谢、永不枯萎，在守护和培育弱小生命的过程中，才有我们生存的意义。

城市、建筑、造园和园艺及其他创作的主旨即在于追求真实。

如果只满足于假东西和赝品，那不如衣衫褴褛地躲在车厢里喝着营养液打发日子。正统的观点是：我们不能单纯为了实用和方便而放弃装点和美化日常生活的愿望。

笼统地讲，这个命题是与现代文明息息相关的，也可以说是每个人的生活方式和观念意识的问题。这样复杂的问题是不能随便断章取义的。

具体问题具体分析，各人只能根据自身情况灵活处理(说到我自己，如果是伪绿色的推崇者就不会写这本书，因此至少算是追求真实的正统派，但也绝不是贬损伪绿色的极端真实派的信徒)。

10) 食物的绿色

我们每天的生活都离不开吃蔬菜(即绿色植物)。说起来也够残忍的。佛教禁止杀生，而植物也是有生命的。不过，说到这里显然离题太远了。

应该提到的是，近来流行着吃草药蔬菜的风气。“herb”其实只有“草”的意思，但在这儿却指香料或药用植物，并多半是指从西洋传来的(生姜、山蓊和大蒜已没有新鲜感。还有一些日本人过去不熟悉、有香气的植物，如罗勒、百里香、勒万德、薄荷和春香菊等)。

这些植物因有利于美容和健康而受到贵妇人和美食家们的欢迎。无论是庭院角落还是露台上到处可见到人工培育的药用蔬菜。如果有人提议：“在这里能建成一座草药植物园该多好呵……”正要享受乐园生活的人们一定会举双手赞成。希望读者诸君也能翻一翻关于草药的书。

11) 其他绿色

虽然与本题无关，但因“绿色”一词随处可见，故仅就想到的记述如下。

●一度有“绿色大婶”的称呼响遍大街小巷，指的是那些协助交通管理的妇女，近来已很少听到这样的叫法。不知到底为什么这样叫。

●作为色彩的“绿色”似乎意味着安全。安全旗是“绿十字”的标志，工程现场的安全管理员就戴着绿色的臂章。

●剧场的舞台侧面有个房间被称为“绿色房间”，是演员们等待出场的地方。顾名思义，取名“绿色”的目的在于依靠绿色使人心情平静下来。

●芦原信义先生告诉我们，已故的马歇·布劳耶常说：“绿色通常不太适用于共用的房间。女性的唇膏和着红色衣服的人会与绿色形成补色关系，效果往往很差。再说也没有能胜过自然绿的颜色。”

●有绿色黑发的说法。令人意识到这是指黑色有光泽的(女性的)头发，也多少令人联想到日本人的头发。还有“绿孩”这样的词，似乎与树木嫩芽的绿色有关。但在日语中“赤ん坊”(儿童)竟成了“緑り児”(小孩)，实在是很有意思的事。

●查工具书可知，在造园用语中，“绿”指的是“松的新芽”。但在日常生活中不采用这种用法。

●“绿”和“青”在日语中常被混用，这在外国语中是不通的。虽然有“山青”的说法，但是沙漠使山变红，而在北国山却是白的。在加利福尼亚等地的夏天因为不降雨，草木枯萎，山便成了黄色。另有“山紫水明”的说法则又把山变成了紫色，真是让人莫衷一是。

作家山口瞳氏也这样说道：“我至今仍弄不清青和绿的区别，在写作时感到很困惑。‘青青的山脉’会让人想到描写的山是什么颜色呢?是天空的颜色呢，还是绿色?或者是天空色和绿色的混合色呢?远处出现的山脉会随着季节和天气的不同，忽而是天空色，忽而呈现绿色，让你捉摸不透。‘青毛的马’明显指的是黑马，与‘绿色的黑发’说法相同……”

●作家托纳尔多·金在开始学习日语时，曾怀疑日本人是不是色盲。“青空”和“青草”从颜色上讲是完全不同的。“青信号”(蓝信号)的颜色并不是蓝色，明显指的是绿色(“青葉”(绿叶)=greenleaf，“青草”(绿草)=green grass，“青信号”(绿信号)=green light”，“青二才”(毛孩子)=green horn 等)。

●年号改变，因4月29日为天皇诞辰，而成为“绿色日”。昭和天皇曾以生物学家身份出席全国植树节，虽在新绿乍现之时，但并不与“绿色”有何直接联系。

绿色一词是语言被暧昧使用的绝佳例子。

战争、复兴和城市化让“绿色”的问题有史以来第一次被大书特书。我们不难理解人们为什么要永远纪念它。

我们在上面拉拉杂杂地讲了许多，然而重要的是从保护自然那样全球范围的问题到日常生活中的琐碎问题，人们一直在争论人工和自然的孰是孰非，应该将它们分开考虑到底是属于哪个层面的问题。

弄不清楚这一点，关于绿色的话题便总是各执一词，无法统一认识。

4 建筑与绿化

4. 建筑与绿化

1) 窗外可以看到什么——内部与外部

偶而会有人拿设计图来向我征求意见，从图纸上看不到建筑物周围的情形。当问到“哪面的风景好”时，回答说：“是这边。”可在那边却被一堵墙挡了个严严实实。多数人都认为平面图是用来表示房间与房间的相互位置的，并不认为它也是权衡室内与周围环境相互关系的资料之一。

依照制图法，在画室内展开图的窗户部分时，即便安装的是透明玻璃也会留下一块空白，上面什么也不画。而实际上从那里应该是可以看到外面景色的，而且外面的景色又对房屋的质量和品位起到了决定性的作用。

不单是旅馆和酒店，大凡建筑物中最高级的房间都应该能看到美丽的风景。

对于室内来说，最重要的地方在于开口部的位置和大小及对面所展现的外景。当然，家具的选择和摆放也是一件大事，但不管摆上多么高级的家具，如果屋外的景致让人心烦，一切终将归于失败。

有内部空间和外部空间这样的说法。大体上指的是建筑物的内和外。但广义地引伸开去，“什么什么之内”和“什么什么之外”几乎涵盖了人类生活的所有领域。这里的“什么什么”包括所有的容器类，如人的身体和器官，生活方面则有房间、住宅、建筑、道路、村落、城镇、都市、国家、大陆、地球以及宇宙这类物理性质的空间，其次还有家族和团体等人的集合(亲属、公司内外……)或“世上”、“心中”、“话里”这类精神上的、难以捕捉的东西(心内、言外……)，还有时间系列(时光流逝)的分、秒和规定的钟点等等。

上述的某个事物如果聚合成一个整体，设定出它的表层、边界、段落和范围，便可确定出它的内和外。

这种关系还可以引伸为：“对于某个房间来说，走廊和大厅是外部，作为建筑物它又是内部。作为建筑物外部的道路和街区相对于郊外和其他城市而言是内部。而城市和农村对于外国来说都属于国内。那么接下来大陆、地球乃至宇宙也都是同样的道理。”总之，在意识结构上已成为像剥洋葱皮那样的构造。

段落的划分及其相互关系是复杂的。并因彼此的角度不同，往往会产生出某种矛盾。如边界不同则有内忧外患、内政外交、内科外科，取消、迟到和延期……等等，不胜枚举。

“庭院”和“住宅”也是其中的代表之一。造园和建筑本是两个不同的概念，但在英语中却分别为“Landscape Architecture”和“Architecture”。

这是两个词根相同的词。Landscape也有办公室风景的意思，不单单指的是外景。将它们划分开来的是建筑物的外墙。

不过，在这里以“视线”和“视角”本身的观察方法和表现方法将水平的、立体的和透明通透的景象重合时，问题就变得没那么简单了。人们从开口部出入，从里面向外眺望，或从外面仰望建筑物，窥视其中的情景。

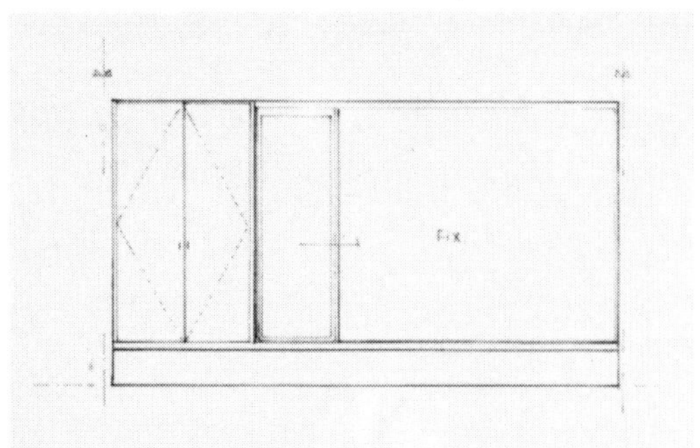

展开图

〈左图〉的实景

香川县厅舍及其前院(丹下健三设计)

借景的庭院。慈光院(奈良县)

在日语中，“看”(みる)这个词被缀上了不同的汉字：“見”、“視”、“觀”、“看”、“鑑”、“顧”、“惟”等，说明同是看，仍然存在着微妙的差别。

而且，玻璃将物理上的遮断和视觉上的通透结合在一起，同时还有反射这种不可思议的因素包含于其中。

我们要面对的有时是固体的平面，有时又是无形的事物。这些与墙面和屏蔽合在一起便会时隐时现或若隐若现。

内部和外部在物理上的区分与视觉有关，相互之间的关系错综复杂。例如，橱窗中的摆设从物理的角度说是内部，但从视觉的角度上看又明显地属于外部。

当鲜花、绿荫和流水纠缠在一起时，随着光线和季节的变化，便会呈现出更为复杂的形态。

假如不能将这些要素巧妙地组合在一起，就会形成一个混乱不堪的环境。

如果能将它们和谐地组合起来，则会营造出美不胜收的空间。

不言而喻，东西方凡是能称做名园和名建筑的地方，无一不是在内外浑然一体的和谐关系上建造起来的。

哪怕只是在建筑物前面栽上一棵树，说不定就能改变从外面所看到的建筑物的外观，并具有自动产生出瞭望景观的双重效果。在建筑空间设计上，不仅要考虑从里向外瞭望的开口部的形状和大小，还要顾及到开口部对面所呈现的景观。

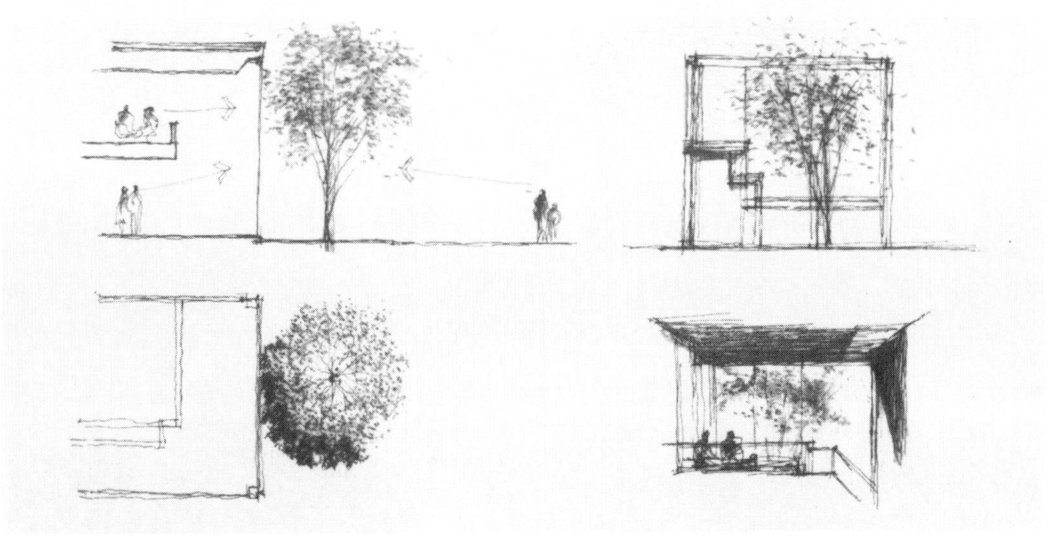
当栽上树木时，内外同时产生了景观

借景的庭院。岐阜县大和町(建设中)

在传统的日本建筑中，这一点理所当然地会受到重视。即使是现在，每当构建和式住宅时也总是立刻想到庭院该怎样布置。但为什么在建设钢铁和混凝土的大厦时，这样的意识却突然完全消失了呢?

从现代建筑去掉挑檐开始，或者是用铝型材等性能优越的材料安装在开口部划分内外空间时起，建筑变得与庭院无缘了。说句笑话，“缘 侧”(日语，意为套廊)没有了，建筑与绿色的缘分也就没了(在丹下健三设计的香川县厅舍里有漂亮的庭院。丹下先生的这件作品被认为是现代造园史上的杰作之一，不过那以后他似乎很少进入造园领域。那是一个把挑檐作为建筑设计理念的时代，甚至连庭院都是这样设计的)。

“轻挑御窗帘，香炉峰雪现”，说的是中国古代故事，出自满载学问的《枕草子》一书。讲述的便是打开套窗，挑起竹帘，满山白雪顿时出现在眼前的情景。

以树林为借景的会堂。能够用舞台背景和遮光帷幕封闭起来的“I&I 会所”

枥木县立美术馆。其绿色是经玻璃面的多重反射后的效果(川崎清设计/宇都宫市)

众所周知,“借景”是日本独特的造园手法。但是这种手法的运用是以远处有优美的自然景观为前提的。

在学生时代我第一次参观大和郡山的慈光院时,那里的美让我屏住了呼吸。很久以后,我又重新来到那里,过度的开发使那儿一片狼藉,到处都是塑料大棚。那些刻意的设计以失败的结果告终。

当风景遭到破坏时,竟还要采用借景的手法,恐怕令人难以理解。倒不如将外景藏起来,用一借一藏来加以调节。从这个意义上可以说,将绿色吸收到建筑物里来就是在窗外营造现成的“借景”(这话乍听起来有点怪)。

要实现建筑与绿化这一主题,结果也许会迫使人们把一切房间都当做和式房间或铺榻榻咪的房间来考虑。如果将办公室、会议室和洗手间全都当做和式房间来设计的话,一定会建成一座充满绿色的建筑。

2) 绿化的功效

自古以来,住宅和庭院就是不可分割的一对,因此在今天我们进一步强调庭园的作用时,不必再更多地了解它与建筑物之间的关系。关于绿化的功效,尽管我并不熟悉,也可以列举出许多。诸如,净化空气、涵养水源、调节气象、防止水土流失、防风、防雪、防火、防噪声、防尘、隔声、遮光和调节日照等。对周围事物的深入分析会让我们注意到,许多现象都与绿化的缺失有关。

在此,我们想更具体地就树木在规划设计方面的作用提出几点看法。

首先是关于上面提到的在建筑物前配置树木的问题。

使建筑立面更生动

使建筑物呆板的外观变得生动和风趣。树木细小的枝叶如同花边饰带,令建筑整体更具有存在感。换而言之,就像是起到了将衣服穿在人身上的作用(如果穿上奇装异服会使人的品位降低;同样一个俗不可耐的女人再怎么打扮也与事无补。二者的不可为之处并不相同)。

但假如换做是落叶树则会随着一年四季不断变化。新芽冒出不久后便会是一片嫩绿,不知不觉间又转成浓绿。到了秋天,颜色开始变为耀眼的红色。不久落叶簌簌落下,枯枝在寒风中摇曳。一年中的变化给人以明显的季节感。从屋外看自不用说了,从屋内向外眺望时,窗外有没有落叶树,对在屋内的生活感受影响是完全不同的。

映在窗(百叶帘)上的树影(T 工作室)

映在窗(百叶帘)上的树影(T 宅)

映在……

进而这种变化和形态会映在开口部的玻璃面上(或平滑的石板和金属面上)。有了树木的存在，才有了映在玻璃面上十分美丽的枝叶影像(使这种效果最大限度得到发挥的是栃木县立美术馆，该馆由川崎清设计。如果在红叶盛开时到访，那红色的枝叶与碧蓝的天空交相辉映，会给人以无限美的享受)。

树影

还有，树木会在建筑内外(墙的外面，玻璃的里面)落下影子，这是谁都知道的。落在墙面和地面上的树影会因光线的不同而变幻出各种生动的形态。

在夕阳照射下，树枝在白色墙面上留下了剪影。那面墙也许属于寺院，抑或是教堂，似乎表达出了某种情感。纸隔扇上也映着树枝的影子，一只小鸟悄悄地落在枝头栖息。今天已经难以体验到这样的情景了，带花边的窗帘和百叶卷帘已经代替了纸隔扇。我住在一个开口部很多、四周被绿荫环抱的房子里，一年到头望着奇妙的树影落在意想不到的地方，一点点地打发日子。与人工的花样不同，大自然在偶然间变幻出的图案特别美。

要考虑到层次感

树木与建筑结构相结合具有的另一个功效是突出了层次感。或者说起到了放大作用。

广场上整齐排列的树木本身形成了一个建筑空间。当以几面墙或墙状物排列在那里时，其间的树木就起到了过渡作用，骤然突出了层次感和立体感。

哪怕只有一棵树木，也会因其栽种位置的不同而构成不同的空间。

前面提到的紫宸殿，其空间构成即是依据与树木的对比来设计的。如果左右换位或是改变树种，便成了另一个空间。

映在外墙上的树的剪影。花卉国际博览会 · 光馆

映在地面上的树影图案(T 宅)

一棵树的不同位置也会构成不同的空间

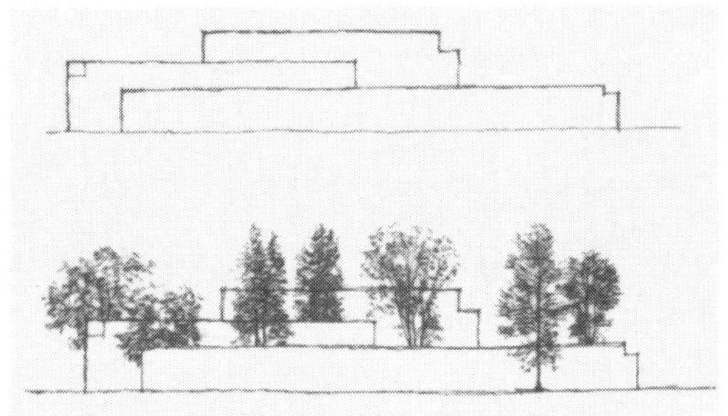

栽种上树木的话层次感和立体感便会显出

要富有季节感

落叶树一年四季都在变化。嫩芽露出不久便成为新绿，不知不觉间夏季到来，又变成一片浓密的绿荫，到秋天颜色开始改变，最后成为耀眼的红叶。深秋时落叶飘舞，冬季里枯枝在瑟瑟寒风中摇曳……。一年中的变化给人以季节感。花木也是一样，报春的辛夷，夏季里的百日红，秋天的金木犀，冬日里的梅和山茶……，不知不觉都在展现着四季不同的景象，让人们意识到："呵，已经是……。"还有果树，如柿、木瓜和石榴。草花中更不乏季节的传达者，如龙爪花、八仙花、美人蕉、大波斯菊、菊花、芒花和水仙等，真是难以历数。

在俳句岁时记的季题中，也大多是以植物名或与之有关的生活和活动(如赏花、插秧、采茶等)来表记的。

将这些植物栽种在建筑物周围，不用说从外面看，就是从里面往外眺望，也起到了决定空间质量的重要作用。

长期望着松树的生活和在落叶松林中的生活恐怕都会让一个人的人生观发生变化。

春天的新绿

秋天的红叶

夏天的浓绿

冬天的裸木

柏树长大，正门成为“打不开的门”。这里是处意味着岁月流逝的名胜(伐尔柯尼埃里庄园)

令人意识到时光流逝

另外一个作用是通过树木的栽种使空间成为令人意识到时光流逝的存在。如同不穿过阴暗的、巨大的杉树林就看不到伊势神宫一样。

古建筑的魅力便在于它基本上是周边地区历史的象征。

在意大利福拉斯卡迪地区有一座叫做伐尔柯尼埃里(Falconieri)的庄园，因为正门旁的古柏枝干相互缠绕且体积过于庞大，使得正门成了“打不开的门”。这样一来，不仅庄园本身，就连这座大门也成为当地的名胜。

不经意间栽下去的树木，又会在不知不觉间长大。

能一年年地照顾它，看着它成长固然很好；否则的话，便会像见到分别多年的孩子似的，不由得发出“呵呀，长这么大了!”的感叹。

在适当的地方栽种上适当的植物，确实会给环境带来勃勃生机。

再谈一下爱知县绿化中心主馆的例子。将3棵主树布置在3个不同的高度上的结果，①使立面显得既生动又富于变化，②上层的半透明反射镜将树影映在板条上，③树影落在墙壁和地面上，④由于和建筑物组合在一起，因此突出了整体的层次感和立体感，⑤栽植的榉树和辛夷会令人产生季节感，本书55页上面的插图是十多年前拍摄的，现在每到夏天建筑物就差不多完全被掩映在绿荫中，⑥会令人感觉到时光的流逝。

哥本哈根郊外的路易斯安娜美术馆(Louisiana, Museum of Modern Art. J ϕ rgen Bo设计)，其建筑和雕塑展区被疏疏落落地布置在一大片绿地中，在美术馆内外，大量艺术品摆放得恰到好处，构成一个不论语言还是照片都不能描述的美妙空间。在建筑与绿化的融合方面是一个无与伦比的范例。如果有机会请一定要到那里去参观。

能看到外面绿色的音乐厅

原有的巨大树木成为借景(路易斯安娜美术馆，同左图)

爱知县绿化中心主馆立面

3) 绿化与建筑

在广义的绿化即绿地中，建筑是风景构成的主要因素。什么也没有的山只不过是一座山，一旦在那里建了寺院什么的，其周边便被风景化和景观化了。

因为在岛上的峡湾处修建了神社的缘故，安艺的宫岛及其周围浮在海面上的群岛成了远近知名的旅游胜地。立在海面上的牌坊，成为几公里内人们航海的方向标。并成为这一带景观的构成要素之一。

以自然的形状或形态成为风景的，如富士山、天之桥立、○○瀑布、△△岩等等，这类名胜很多。但也有不少是以人工物为主要景观形成的空间。

在国际花卉博览会的国际庭园中有中国、尼泊尔、韩国、不丹、爱尔兰等各国庭园。使得这些庭园具有各国庭园特征的主要因素还是在建筑和结构方面的风格及其选用的材料等。

花草树木大体相似，很难将它们作为识别某个国家庭园特色的首要指标。

从这个意义上说，建筑使风景具有了特色。修建建筑物的功效之一便是可以展示美好的自然景观，同时也可以抹杀自然景观的美好。

通过自然、建筑和艺术作品将内外变得和谐统一，世界上最美的美术馆(路易斯安娜美术馆)

通过建筑创造景观的宫崎市椿山森林公园。瞭望休憩室

某个地方视野开阔，周围景色很美，同时从远远的别处望向这里风景也很美。如果让一座设计拙劣的建筑占据这里，便会将周围的景观搞得一塌糊涂。反之，一座设计得恰到好处的建筑又会为这里的景观大大增色。直至江户时代以前，日本的建筑风格一直极为关注这一点，并因此创造了不少品质极高的景观。

而今天在这一点全国都成了破坏景观的演练场。

建造点什么才能让当地和周围的环境变得更美，必须设法唤回具有这样的意识和创造性的景观设计。

通过人工物(牌坊)使周围景观化(严岛神社)

5　绿化规划的前提

5. 绿化规划的前提

“规划”一词被应用得十分广泛。在城市规划、建筑规划和绿化规划方面，使用“Plan”或“Planning”的说法。同时，它也经常被用于旅行计划和营销策划等时间概念中。其他如在收入翻番计划和公司复兴5年计划方面，其含义则近于“Project”(项目)一词。

设计一词的应用范围也很广泛。战后，在被称为“从口红到蒸汽机车”(莱蒙德·洛伊语)的时期，还让人感到很新鲜。但因没有适当的译词，便以片假名(デザイン)来作固定称谓。这一时期，不管什么都是设计、设计的(只是还没听到过土木设计的说法)。

在建筑领域，设计往往指的是创意和方案设计，或指单纯的建筑设计。设计一词甚至被用到“人生设计”等意义更为广泛的地方。

因为形形色色的人都按照各自的理解来使用“设计”一词的缘故，其涵义往往变得混乱起来。

本应在充分规划的基础上建立起来的城市、建筑和绿地，结果却呈现着无序状态。我们认为这是由于对规划的大前提的某些误解造成的。

下面试举几例。

1) 功能和形式

建筑必须“实用、坚固和美观”这一基础理论早在古希腊时代即被确立下来(见维特鲁威著、森田庆一译注的《维特鲁威建筑学》，东海大学出版社)。

但直至今天为止，实用、方便和美观，即关于功能和形式的相互关系，仍然是一个相当模糊的概念。

建筑设计一定要做到实用和美观，并给周围环境以积极的影响。但该怎样做才能将这一切变成现实呢?什么才是建设过程中的重点呢?能够明确回答这些问题的人和书却少得很。

仅就建筑来说，功能和形式之间并没有太多的直接关系。建筑的形式并不是由使用功能自动决定的。不像汽车、火车、飞机或轮船(船舶工程学即Naral Architecture)那样，各自的功能和目的十分明确，可在一定程度上决定它的外观。

然而，作为建筑物的内容和目的是“生活”，“生活”本身涉及的范围很广、很复杂，让人感到是一件难以捉摸的事物。

人们往往想到的是内容，然后再让形式来附和它。但有时如果离开形式内容也不能存在。

哪怕是一只玻璃杯，如果没有杯子的形状，水便会流下来，更无法端起喝水。杯子有不同的形状：葡萄酒杯、啤酒杯、白兰地酒杯和大玻璃杯等等。这些杯子都有其规定的用途，不能在啤酒杯里倒上上等的白兰地。同样，用饭碗盛酱汤、汤碗盛米饭也是极不合时宜的。这些如同刀叉的用法和筷子的拿法(移筷、迷筷、回筷和横筷等等有20多种忌讳)一样，是由风俗习惯决定的，甚至涉及到历史和文化的问题。

卡那里，罐头工厂变为观光地

连杯子和碗都是这样，那比这些要宽泛得多的建筑和环境会更复杂。各种各样的观点和看法也就层出不穷了。

“形式追随功能”(Form follows Function)，这是功能主义初期的观点。“只有美的东西才具有功能”(丹下健三语)是另一类的口号。“形式追随形式，功能追随功能”则是川崎清的论点。一时间，各种不同论点展开了激烈的辩论。

当时，作为作家、思想家和教育家的路易斯·康提倡“形式创造功能”(Form evokes Function)，并认为建筑师的使命便是使设计方案尽可能地成为对应某种目的的原型和素材，这一观点打动了许多人。换言之，只有形式被确定以后，其周围才会产生功能。

他的学生罗伯特·文丘里在《建筑的复合与对立》(Complexity and Contradiction in Architecture)一书中，对现代建筑理念进行猛烈批判，将密斯·凡·德·罗的名言“Less is More”(少就是多)改成“Less is Bore”(少就是乏味)。并且认为，包容各种矛盾的复合体才是建筑的本来面目。这些说法也极大地震撼着世界各国的建筑师们。

排斥砖石构造的建筑和一切形式的装饰，以钢材、玻璃和混凝土为材料，标榜“简约、舒适、最佳”的现代主义在进入后现代主义之后，也改弦易辙，在重新审视历史遗存的基础上进行着自己的建筑创作。

低造价、高速度和大批量的现代生产原则和生活方式正让位于宽敞、华美、小批量、多样化和个性化的倾向。可以说，这与当前复古和怀旧的社会风气是呼应的。

站在造物的立场上看，现代主义打破种种禁忌的束缚，拓宽了创作手法的界限，不管怎样困难的项目都能拿得下来，这是令人欣慰的一面；但是也存在消极的一面：由于设计过程和构思过程的不清晰，令人无从下手。

为了更真切地体会建筑的用途即功能与形式之间的关系不大这一命题，我们不妨到仓敷去看看。

一处名为常青藤广场的地方很受当地年轻人的欢迎。这里原本是一座屋顶为锯齿形的纺织厂，现在被改造成一间旅馆。

在其周围，昔日的仓库作为展览馆几乎原封不动地排列在那里。由丹下健三先生设计的市厅舍也完全未做改动，现在成为美术馆和展示厅。以上可以说是一座建筑(指现代建筑)既是厅舍又是美术馆的生动事例(也有人认为，丹下先生本来设计的就是像展览馆一样的市厅舍)。

基拉德里广场。巧克力工厂变为观光地

由候车室改造成的美术馆。奥赛美术馆(巴黎)

三重塔并不是3层建筑(药师寺)

不仅是仓敷，连巴黎的卢浮宫美术馆也是由原来的宫殿改造成的，它旁边的金橘美术馆和鸠德鲍姆美术馆则分别是由皇宫附属的植物花房和室内网球场改造而成的。

最近建成的奥赛美术馆则是由车站候车大厅改造成的(既然车站可以改造成为美术馆，当然也能够建造出像美术馆那样漂亮的火车站)。

埃菲尔铁塔最初是作为博览会的设施来建造的，目的是为了炫耀人们能用钢铁构筑这样的庞然大物。在建造时，因为担心会破坏到周围的景观而遭到强烈的反对。然而现在却成为巴黎的象征，不可缺少的存在。

说到塔，在日本有许多三重塔、五重塔之类的层塔，究竟这些塔是用来干什么的呢?

说是五重塔，其实也并非指有楼层有楼梯可以攀登的5层建筑。塔内空空如也，仅仅在其外围设了扶手和阳台那样的构造，仅作为装饰表面被设计成5层楼的样式。因此，它自然不具有瞭望塔和观景台之类的功能。

这类被称为宗教建筑(原本是舍利塔，是供奉释迦牟尼佛舍利的石塔，后来将其放大，成了多重塔)的塔，实际上是没有什么实用价值的构筑物。像东大寺大佛殿那样的2层寺院大殿也有很多，中间都是空的，根本不是所谓的两层建筑。其实都不过是为了照顾到寺院整体的平衡和对称而设计的。可以这样说，之所以对这些建筑高看一眼，认定其为名建筑，是因为它们具有一定的象征意义。但我们不想把建筑功能的含义拓展到这样的范围，而应是限定在用途、用法的程度上。

一切建筑(甚至不仅是建筑，也包括所有的事物)都具有不同的侧面，这时内容与形式即功能与形态并没有多少固定的联系。说的可能有点暧昧，但还是能够让人理解的吧。

因为使用功能或形态这些晦涩的词，事情才变得难懂了。通俗地说，是不是美人与她的体力和智力的出色没有太大关系。这个比喻虽然有些粗俗，倒还贴切。恰恰在这一点上，不少人的认识存在偏差。

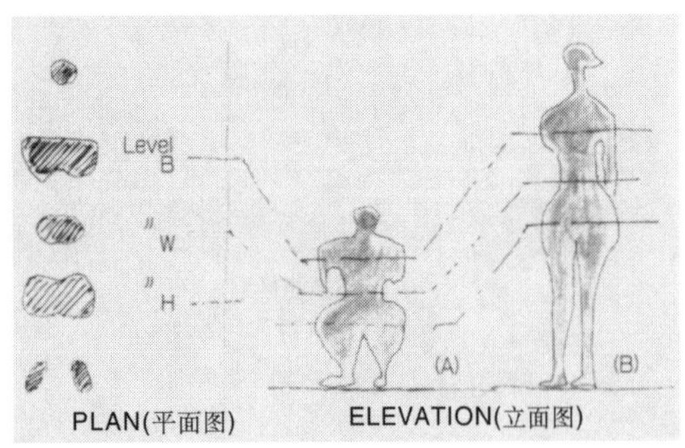

左边的平面可以是(A)也可以是(B)
没有配上立面的平面图几乎没有意义

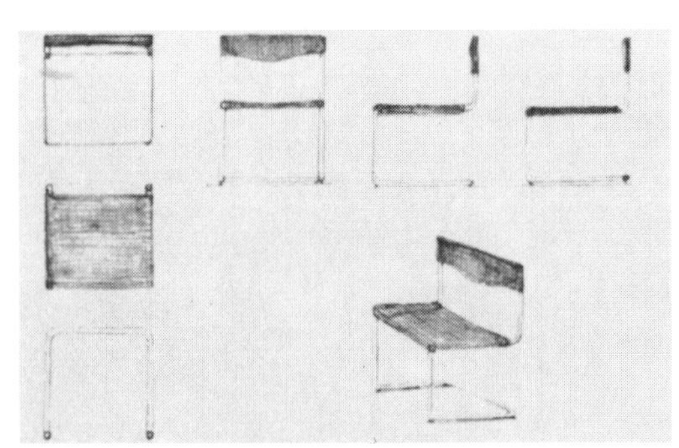
附上示意图或透视图便能看懂图纸的内容

然而，希望同时满足相互无关的两个侧面的条件，营造出形式和内容完美统一的空间，也是情理之中的事。

怎样才能做到这一点呢?

困难当然是困难的，但只要知道要领，原理说来也很简单。只是无法将这些简单的要领和原理传达给没有设计思想的人(哪怕是对本专业的大学教师也会有相当的困难)。

尽管是勉为其难，还是尽量粗略地解说一下。

如果要设计一座实用的、看起来很棒的房子，简单的方法是先想象出这所很棒的房子的形状，然后再来验证它是否能方便地使用。如果觉得不太理想，再想出下一个形状，重新验证。在做部分修改的同时，反复地进行这一操作。只要有一定的毅力和勇气，达到目的的可能性就会很大(暂且将该方法称为A法)。

反之，先设想出各种实用的房子，然后再试着配上完美的形式，则是另一种方法(称为B法)。

这样的方法恐怕是不会成功的，为什么呢?因为，人们是无法以无形的方式来进行有关功能和实用这类抽象思维的，也就不能提出有关房子设计的方案(据说理论物理学家和数学家也是靠纸和笔描绘着头脑中的形象模型来进行思考的)。

因此，往往是一边画着房间配置设计图，一边在想：这里是洗手间，这里是门厅……。无论你意识到还是没有意识到，在画设计图的同时，脑海里总是闪现着一些零星的形象，当所谓“实用的房间配置图”完成时，眼睛无法看到的形式实际上已经被确定下来了。

以这样的方式想出外观很棒的建筑，打个不恰当的比方，这无疑等于是在设计一座虽然健康和聪明、却体态肥胖的女人雕塑，要想通过整形美容将其变成身材匀称的美人，也许可能，但希望不大。在修改的过程中(最终还是形式决定内容)有可能半途而废，或者只能设计出一个既不实用、又不美观的房子。

道理虽然如此简单，但不仅仅是外行，就连许多专家也在采用B的方法。

也许毛病就出在学校教育总是强调先充分考虑平面然后再考虑立面的缘故，即过分突出了B方法。

我认为，正确的教育方法应该是：“当考虑平面时应立刻考虑到立(剖)面，然后再马上回到平面上来。要尽快捕捉要设计的方案的形象，并且反复斟酌平面与立面的关系，直至满意为止。最好不建不实用的建筑，但一座外观很差的建筑即便是一座Building(大楼)，也不能称为Architecture(建筑)。因为要为众人所看到，反倒成了视觉公害源。大家总不会要去建造一条肮脏的街区吧……”

为了可以获得优秀的设计方案，在充分满足功能需要的同时，时刻不能忘记方案本身。稍一疏忽，形式便会在不知不觉间被破坏了。除非在形式将要被破坏时立刻返回，并从起点处开始重新思考，又如此的反复下去。否则就不可能造出形式和内容完美统一的建筑。

反过来说，只要采用了这样的方法就一定会设计出既美观又实用的房屋。

我们以建筑为例说了这么多。其实关于绿化方面的广场、公园、庭园和外部空间等也是完全相同的一回事。

2) 动线

动线一词不时传到耳朵里来。

手头的词典中解释说：“动线，是表示在建筑物内外人和物移动状态的线。是判定住宅适宜居住程度的一个指标。”(《广辞苑》第四版)。但其中未提到该怎样判定适合居住的程度。《世界大百科事典》(平凡社)未将该词作为项目列入，不过查索引却见到“动线规划”一词，并指出在某页，“停车场”项下。作为车站说明的一部分，有如下解释：“动线规划。①同类动线尽量汇总在一起，与其他类别明确分开，避免相互交叉；②动线长度要尽量设计得短一些，简捷明了，少一些弯曲、起伏和分支；③依据各个动线的通过量和流速，确保有相应的足够的宽度等等。”

direct access(直接入口)可直接进入，方案不佳

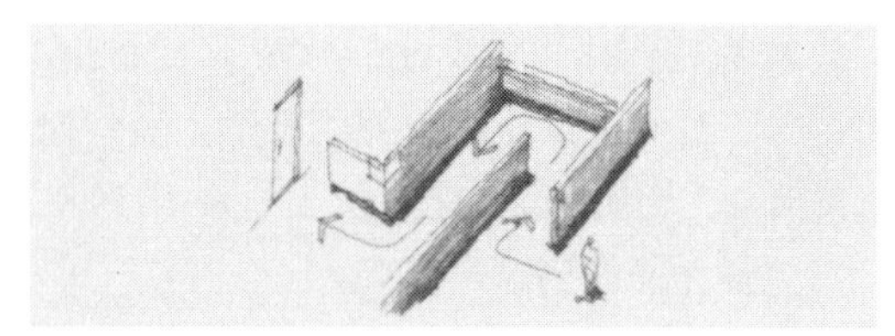

indirect access(间接入口)稍做迂回再进入则显得幽静

作为专业用语，再查《建筑大辞典》(彰国社)：“动线：traffic line是表示关于建筑空间方面人和物等的运动轨迹、运动量、方向和时间变化的线。”“动线规划：flow planning在建筑和城市的设计中，通过分析、研究和实验人车等的动线来获得最佳动线的规划。是设计中的基础作业之一，通常要在规划中缩短动线长度，避免不同的动线相互交叉。”

traffic line(动线)中的步行者动线当指行人的交通路线，但flow planning(动线规划)一词有点费解。

暂且不说这些。学校的老师和政府的官员等人往往会指着平面图挑毛病，说这一段和这一段的动线长，不方便等等。相当多的人似乎认定了动线越短越好。

动线最短的居住空间要算监狱的单人牢房了。因为睡觉、吃饭和排泄等都在一间屋子里进行，所以动线极短，几乎不能称其为动线。如果说方便倒真是方便了，只是不大会有人愿意住到里面去。

住宅之类也是如此。如果把中间设计成起居室和餐厅，四周依次排列着卧室、客房、厨房、卫生间和洗澡间等，没有走廊，从动线的观点来看，应该算是使用方便的平面(所谓厅式平面布置。如果设计得好，会营造出有魅力的空间)。

不过通常情况下，从起居室直接进入卫生间和洗澡间并不方便。客房与起居室相邻，里面卧床卧具的景象也会被起居室的人看到，从礼仪上说也不合适。因此，如果将卫生间之类的放在稍远的位置，或许可以看到修整得十分整洁的庭院，即使在方便时也会有份好心情。假如那里再有座小花园，就更加让人感到清爽了。沐浴间也是同样的道理。即使是卧室和书房，稍微再隔开一点，便能够使人安稳地睡觉和平静地思考。

银阁寺的引道。要费一番周折才能到达前门

进门后首先会碰到一堵墙

自然地被引向右侧

眼前出现由墙夹着的通道。再直行

尽头又是一堵墙。这回向左拐

总算到了正门

由此可以看出，动线并非是越短越好。如果不把动线与舒适和不舒适联系起来认识，动线便成了几乎没有任何意义的概念。

规划的基本原则是延长舒适的动线，去掉不舒适的动线。

如果说应“尽量缩短动线、减少动线的弯曲、起伏和分支”的话，类似回游式庭园之类的设计将不复存在。

在有限的地块上，通过起伏、遮蔽和隔离等手法制造出迂回曲折的效果，展开意想不到的景色，这就是回游式庭园的妙趣所在。设计的重点就是如何延长动线、巧妙地设置支路、制造高差产生俯仰的变化……。火车站的中央大厅则采用完全相反的原理设计，它表现出的巧妙构思同样令人惊叹，并为大家所接受。

不单是庭院、住宅、幼儿园、学校和政府机关，所有的地方都应该引用这一原理。

也许是由于对动线意义的错误理解，哪怕将整个世界都用车站中央大厅的原理来建设，人们在无意间可能也会感到绿色的不足。

车站本身不光是疏导人流的场所，它既要容纳没有急事的旅客，还要停留一些匆忙赶来却误了火车在这里打发时间的人。这时你所见到的候车大厅也不再空旷落寞。

必须在重视城市主干线建设的同时，尽量在适当的地方开辟出辅助道路或修建水池，使这些场所作为城市整体的一部分，给人们带来舒适和愉悦的感觉。

动线一词总是与视线一词联系在一起，通过分析、研究和试验来了解从某个位置能看到什么，“追求最佳的视觉愉悦感”，是设计的基础原理之一。

离开视线规划的动线规划几乎没有任何意义，而且还会产生许多弊端。

3) 区划

区划应该是引起我们注意的词之一。

在产业革命后的英国, 城市为滚滚烟尘所笼罩。似乎就在这时, 一部旨在将工厂和居住区分开的法律制订出来了。这部法律便叫做“ZONINGACT”(区划)。从此开始了城市规划上的地域制和地区制。连公园是安排在动区还是静区都在图纸上画圈来划分。在难以明确划分时, 又不得不像拉轮胎一样把圆圈拉扁。人们都认为这样做的意义不大。

由于居住区与商业区或工作地点在平面上分离, 对于“通勤”来说, 成了耗能费时费力的事, 不啻为愚笨之举, 世界各国的城市早就在反思这一做法。尤其是在日本的大城市, 这种状况更为严重。因为在一些地方, 势头不但没有减小, 反而还继续将住宅区建在远离城市中心的指定区域内。

经常见到从事城市规划的人用彩色铅笔在地图上一个劲儿地涂来涂去, 分别标出建筑的用途, 总是感到奇怪: 颜色竟然一点也没有被混淆。

假如把巴黎的市中心香榭里舍大街一带涂上颜色会怎么样呢?

地面上排列着咖啡馆、餐厅和店铺, 应该算是商业区或娱乐区; 再往上一点布满了写字间则应该属于业务区或工作区; 在更高处是公寓或高级住宅, 则可算是住宅区。以卢浮宫为代表的美术馆和博物馆集中地带成为文化区, 其周围一带显而易见也是观光地。

以上应该划分成几个区域呢?

如果商业是红、居住是黄……, 这样涂下去的活, 各种颜色重叠在一起, 一定什么都看不明白。

区域的概念原本是平面地从上向下看城市、建筑或更广阔的地域所得到的印象。可是, 我们却是站着生活在三维空间中。绿地固然是一片绿色的地方, 但是草坪、草地还是森林则不完全一样。

历史名胜地段的建筑物的高度和颜色有一定限制要求。但在其背面, 高楼林立的景象却司空见惯。这是仅从平面进行规划造成的败笔。

区划, 从平面的观点来说, 就是要遵循将不同种类、不同性质的空间划分开来的原则。

然而在现实生活中, 恰恰是那些具有不同种类和性质的空间经过良好的自然重叠、相互渗透才会产生无穷的魅力。

学生在毕业设计中如果选择校园规划时, 因为有这方面的印象, 一定会从区划这一概念出发来设计方案。

我建议不要这样做。因为只要你头脑里有了区域的概念, 便再也不会产生例如在中层或高层建筑中凭借空中走廊相互衔接的立体的校园方案构想。

必须认识到, 从三维的观点, 空间的复合性、立体性, 尤其是表现形式即设计的视角来说, 区划是有缺憾的。

在方案设计中, 就算是用区划的观点也难以解释有关绿化的问题。

桂离宫、修学院、栗林公园、后乐园和兼六园……, 这些被誉为名园的地方, 其中的庭院和建筑是能够用区划的方法画出导游图来的么?假如硬要把水池周围称为“亲水功能区”, 亭榭一带则看做“休闲功能区”, 这么做一点意义都没有。况且碰到借景的情况就更没辙了。

所谓区域和区划应该是被摒弃的概念。

4) 设计：矛盾的解决

绿化和建筑的设计通常是在需要解决一般性的矛盾的时候登场的。在生活中各种事物都顺畅通达时便用不着设计。一旦有矛盾出现，在外行看来既束手无策又无法理解的问题，就得委托专家来设计。

不过，作为解决的途径是无穷尽的，不妨以一个简单的建筑为例。

在地块A上，要布置建筑面积为B的建筑(假设是银行的分支机构)和停车场C。

A、B、C的面积之比如下图，而B和C无法被容纳在A上做同一平面的布置，必须找到一个解决的方案。

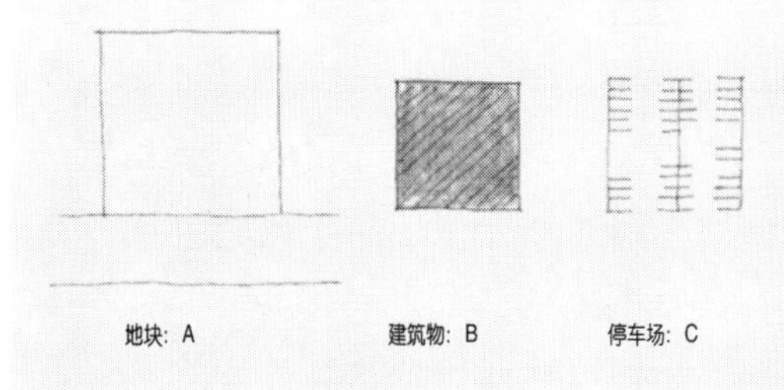

将想到的方案试举几种如下：

a) 最简单的解决方案是在前面或侧面建停车场，在停车场后面或一侧布置一座2~3层的建筑；

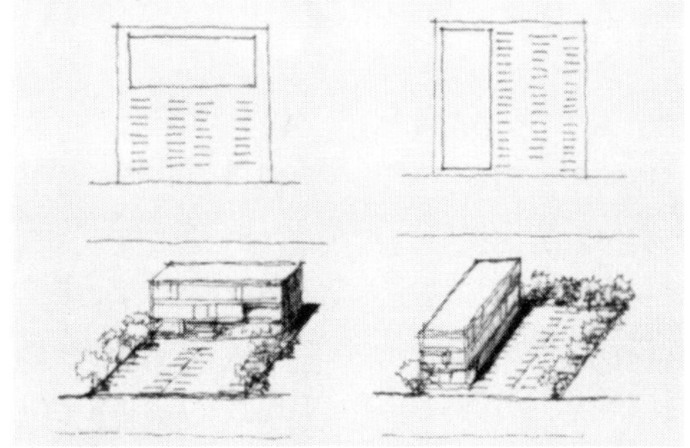

b) 将一层作为停车场，建筑放在二层，即采用所谓鸡腿桩基方式。由于将二者叠加在一起，使设计方案显得简洁明快(只是作为一家银行，客人的出入不太方便)；

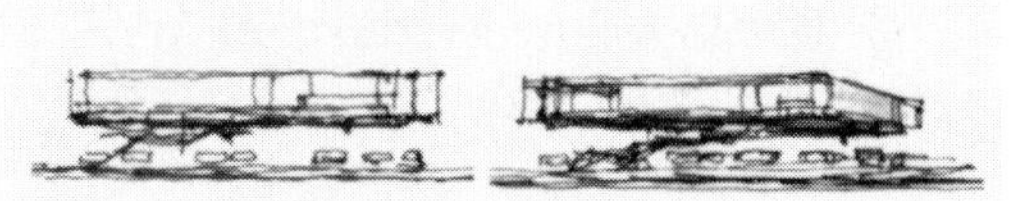

c) 反之，停车场放在上层，使用升车机，使面积在斜坡上展开，人员出入没有任何问题；

d) 地下是停车场，一层为办公室。这也是经过充分考虑的，地下的建造成本虽然较高，但建筑整体显得流畅；

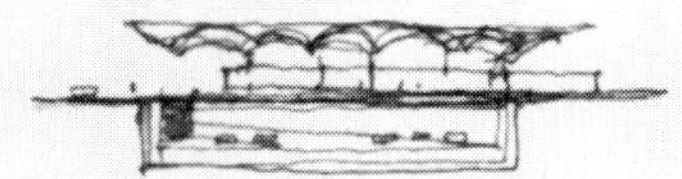

e) 半地下构造。这是一种介乎b和d之间的方案。虽然人员要多少向上走一点，但通向地下的斜坡较短，建造成本也会相应减少。出入口高度与道路水平相当，室内水平稍高，让人感到十分惬意；

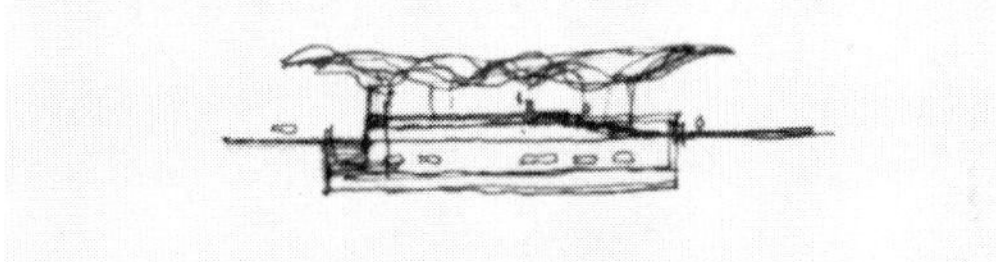

f) 将车库和建筑都设计成多层结构。多层停车系统的开发现在已很成熟，也许会比采用半地下式造价更低；

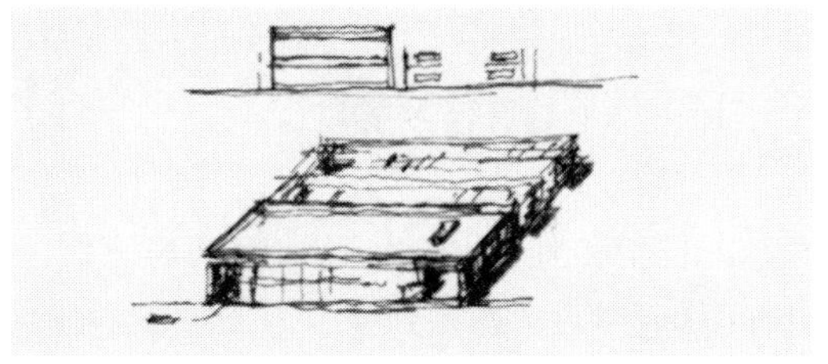

g) 也可以大胆地建一座塔式停车场，同时作为广告的媒体使用；

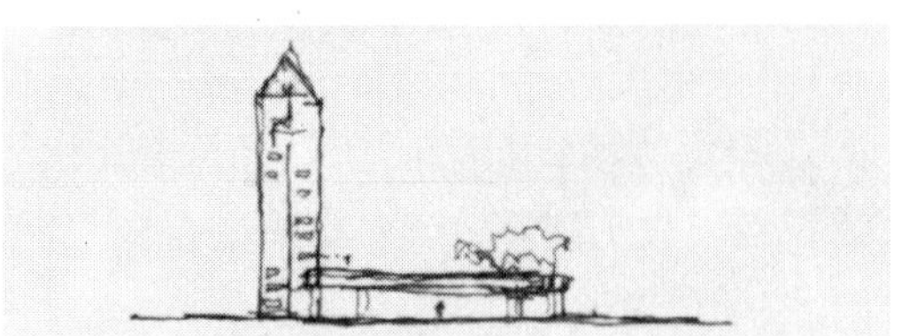

h) 或者将建筑物拔高，使地面变得更开阔；

以上这些方案的提出并不十分困难，是在完全拘泥于已知条件所确定的容积的前提下。现在我试着将条件做少许改变。

i) 租借相邻地块或者购买土地，则开头的问题不存在了；

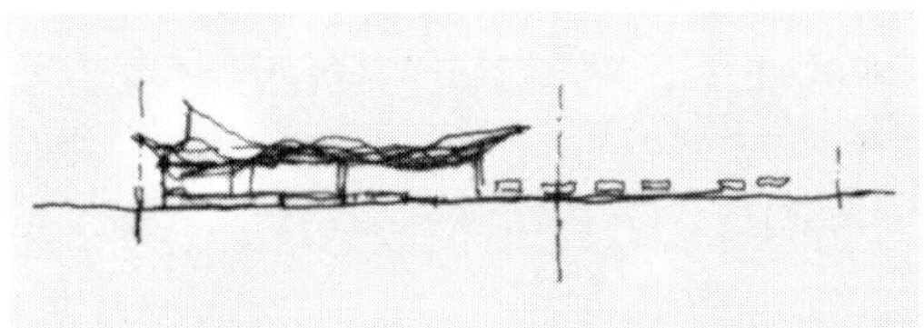

j) 减少停车数。例如设一管理人员，提高停车位的利用率，也许能够将原定的30个车位减少到20个左右，使最初的问题本身发生转变。

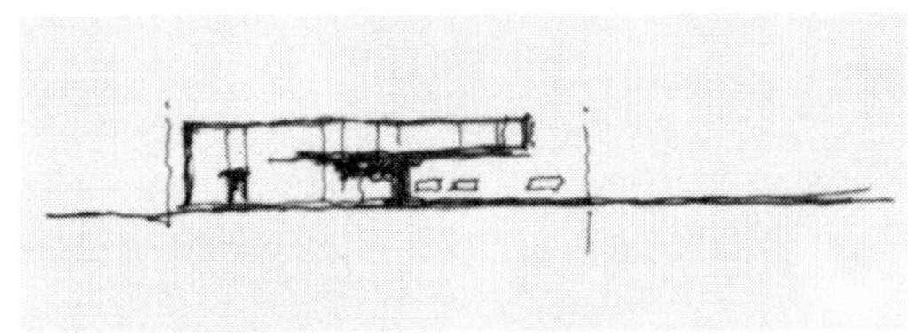

那么哪个是最佳方案呢?

这难以马上确定。以上所举各例仅是一些构想的框架和雏形，实际应用时，可将它们(从a到j)排列组合，融入到一个方案中去。

比如可将下面的例子作为方案之一。

〈案例〉

尽量减少停车数量，一部分(职员用车等)转入半地下，上面设顶棚较低的房间(如更衣室等)。

将公共空间设在一层，通过中二层的越层与二层相连。其中一部分成为天井，使一、二层有整体感。在停车场上面建屋顶庭园，并布置一个兼做排气孔的采光用开口，等等。

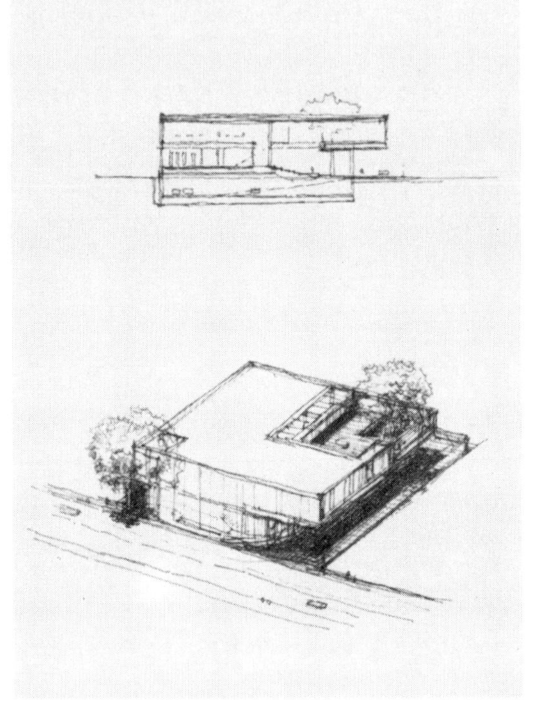

因为是最初的构想，讨论起来还会发现很多问题。那就留待下回，定个日程，做第二次、第三次的修改。

事实上，在这些结构和形态中会加入一些其他因素，如条件的改变和提出的时机、负责人和决定者的爱好、类型、性格、思考方式、当时的身体状况和情绪，或者那时得到的技术信息或预算的调整等等，从而导致这些结构和形态朝着某一方案倾斜。处于现实中的建筑物也是要经历这一过程才能够构建起来的。

对应某一条件的解决方案有无数个。

如前所述，空间的组合可以有很多种，而形式的变化更是多种多样。

例如，屋顶的形态被分为几种基本类型，在建筑学会编辑的《结构用教材》中就载有20种之多。实际还应加上拱顶、悬挂式屋顶、壳式屋顶和帐篷这几种。

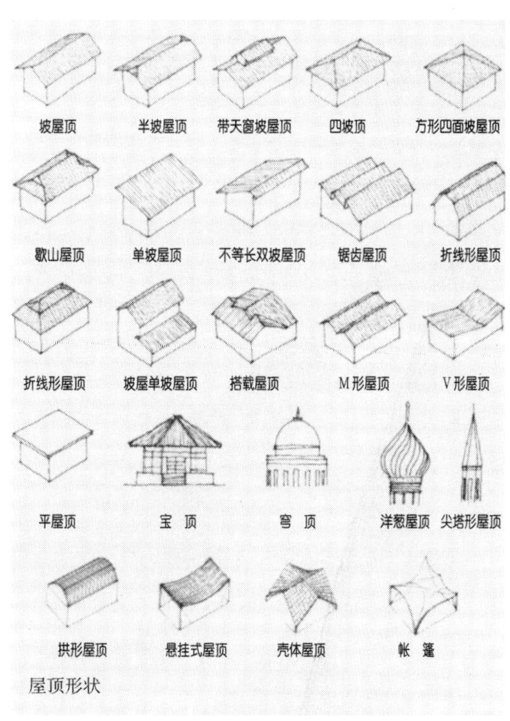

屋顶形状

在一个矩形平面上架屋顶，能够列举出约有20种形态。

不过，即使是坡屋顶，也可以沿长边架构或将脊线与平面交错。

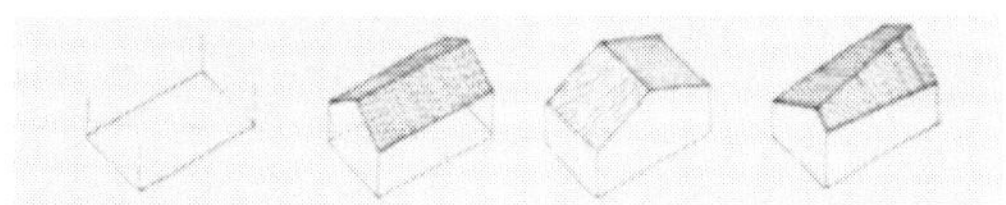

既有改变脊线的位置的屋顶，也有复数坡屋顶。

当然，脊线还可以做十字交叉。

在坡屋顶的局部可嵌入平屋顶，只要将坡屋顶挖掉一块弄平即可。屋顶的形态种类在飞快地增加。

下面再举些实例，如果要画下去的话，想画多少就能画多少。这些从形式上说都是坡屋顶。虽然是未标尺寸的草图，但坡度可以任意改变。

即使是拱顶，也可以同样展开。

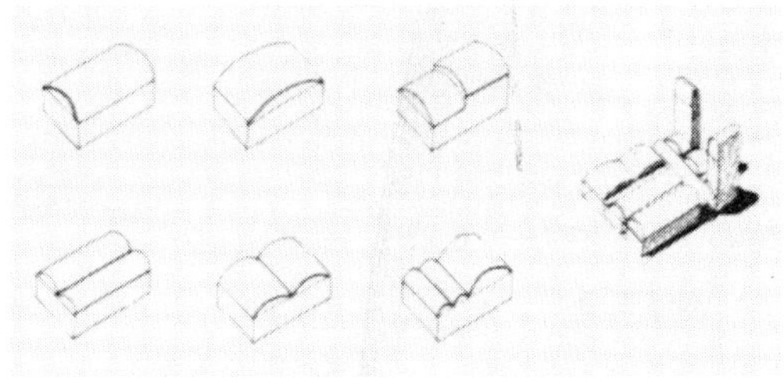

以下，可以逐个地对单坡屋顶、四坡顶等各种屋顶形式进行评价，如果要将它们互相组合的话，对应某一平面的屋顶形状可以是变化无穷的。

坡屋顶设计实例：锦堂·福山

四面坡屋顶设计实例：加茂新城会所

5) 创作与鉴赏

创作的世界是从无限多的可能性中一个一个筛选出其所需要的，并将这些因素综合起来形成一个方案。关于建筑和绿化方面的计算机硬件的制作需要有大量的智力劳动。电脑中方案的修补往往造成能源的内耗，对于美观和舒适的验证却总是为人们所忽略。这类本末倒置的现象如同我们在有关设计的章节中所阐述的那样。

问题在于是否具备追求美的感性能力。现在的学校偏重于知识教育，在感性方面什么也不教，也没有能教授这些课的老师。甚至可以说今天环境遭到破坏的原因完全在于教育问题(当然，如果这一问题深入讨论下去，可能会远离本书所要阐述的主题)。

人们接受了过于充分的知识教育，却不知道该怎样磨炼感性能力。感性能力的提高不是有生俱来的，只能依靠丰富阅历的积累。感性能力或者说灵感要靠自身的培育来获得。

感受到美的东西并用自己的手把它创造出来，对这两方面只有反复体验才能渐入佳境。

为了成为音乐家，就必须从两方面花气力：鉴赏许多名曲和每天的技能训练。要成为小说家，就应该读许多许多的书和试着写文章。

任何创作领域都是一样的。在对鉴赏和创作二者反复实践的过程中，逐渐地、有时甚至是飞跃地掌握创作能力。

这里要提醒各位，那种一知半解、似懂非懂的“会了”、“明白了”之类的语言，与创作完全不是一码事。任何人都能讲出贝多芬怎么怎么样，甲壳虫乐队又如何如何。但一被问到作曲方面的问题，又得从“哆、咪、咪、发”起步。

和环境问题完全相同。许多人都知道那里好这里不好，但是否具有解决这些问题的能力又另当别论。

人在不能分辨是非的年龄便决心要当医生、当律师，将来从事医学或法律工作。在赞叹这些美好理想的瞬间，自己的感性也得到了升华。

但愿读者诸君能重视这种感性能力，使具有这种能力的人不断增多。

我们以建筑为例做了上面的讲解，其实广场、公园、庭院和城市等方面的规划也是同样的道理。

①功能与形式没有固定的联系；②舒适的动线还是长一点的好；③不具有立体视野的区划有害无益；④对应某一条件的规划方案有无限多；⑤将这些综合起来的感性能力十分重要。

以上便是规划的前提。

6 绿化的规划及技法

6. 绿化的规划及技法

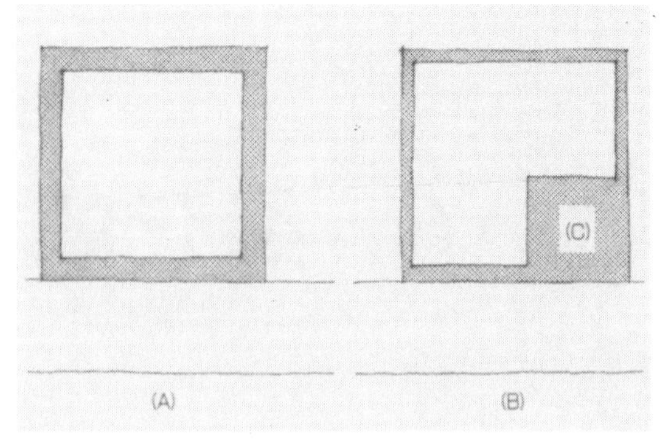

怎样做才能将建筑与绿化完美地组合起来，营造出一个优美怡人的环境呢?关于培育植物的技术可去看那方面的专业书，从建筑专业角度来说则必须做到以下两点。

①绿化应从开始就被纳入到规划中去;

②绿化应编入预算。

1) 绿化的规划和预算

最重要的是，在设计的初始阶段就应从根本上构想以什么样的形式能融入绿地或开放空间。等到设计开始再想到以后的绿化问题是不行的。

上图A、B深色的部分面积相等。照A图的样子，里面什么也安排不了，B图却事先确定出一块空间C。采取后面将要讲到的各种技法，这块空间C将会具有无限多的可能性。

应该以A的形态来构筑现在的街区，联系B的形态来进行改造。

这时的C还只是一块空地(庭院)，可是在与建筑融合形成开放空间方面有许多立体的手段。

有关规划的话题说起来会很冗长，我们先来讨论预算的问题。

在绿化实践中最重要的问题便是与绿化相关的费用。这些费用必须在规划一开始编入，即做到预算化。

假如建筑和造园(或周围环境)的问题同时出现，一般做法往往是建筑优先，把造园放到后面来考虑。这绝不是一种高明的做法。

建设项目无论事先计划得如何周到，一旦工程开始进行，都会产生意想不到的费用。虽然不仅工具和预备品都一件件做了预算，就连预备费用也列出来了，但只要与四邻有一场意料不到的纠纷就会将其消耗光。

预算有时意外地让人感到很不明确，多数情况下，人们会认为业主在施工前已经投入了这些不可预见的费用。

“好了，完了再说吧。”如果你这样想，相关的费用转眼间(设计过程中)就没了。

到了竣工那一天，要在众人面前亮相了，一点绿化没搞，实在是不成样子。只好拿出一点点钱交给造园商，让他在竣工仪式前几天用什么把大门周围点缀一下，装装门面。事后再用红白条纹的帷幕什么的遮挡起来。城市里无法见到绿色充盈就是这么造成的。

似乎很多人都认为造园很费钱，其实与建筑和设备所消耗的工程费相比，造园所需的费用是微不足道的。

比如造价10亿日元的建筑，拿出其中的1%来，即1000万日元就能在绿化上做点什么。如果增加到3%，便是3000万日元，那就能把绿化搞得相当不错了。

将剩余的9.9亿日元用于建筑施工就完全足够了(只相当于1000坪的建筑被减少了10坪)，如果从一开始就提出这个方案很容易获得通过。

用了10亿日元建一座臃肿的大楼，再在四周栽上一排谁都看不顺眼的球黄杨；但是压缩一点建筑和设备上的施工费，就能让大楼周围布满绿荫。这二者之间有很大的不同。

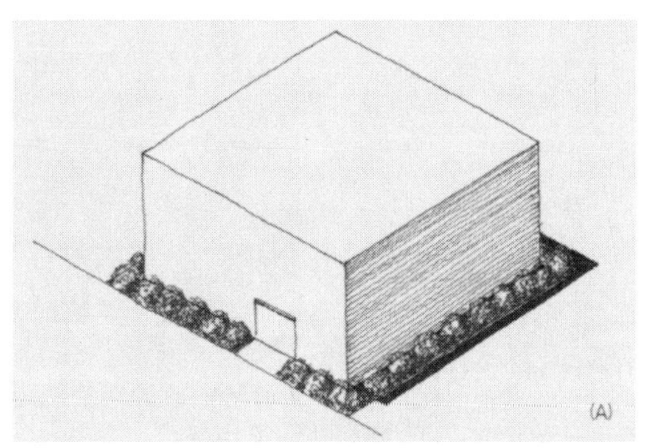

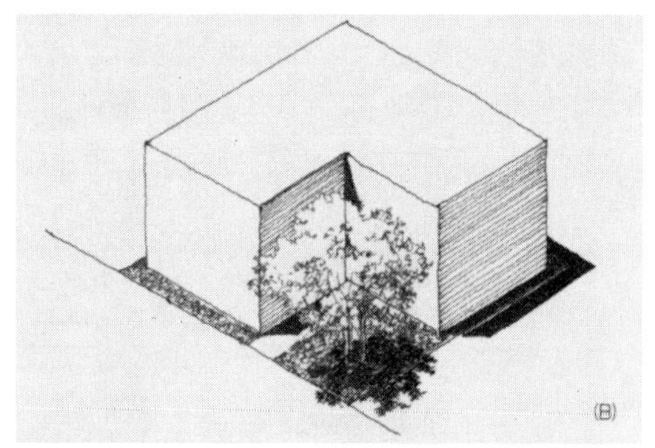

使用建筑的人和走在路上的人都高兴了，当然业主也会满意。能设计出这样有利于社会和人类的作品，不用说，设计者本人更是志得气满。

建筑本身虽然被压缩了，也只不过是100人就餐的食堂分两批去，每次容纳50人罢了。如果分三批去，则可将食堂面积压缩至原来的三分之一。

一个枯燥单调100人用的食堂与一座带庭园可容纳75人的餐厅相比，哪一个更受人们欢迎，这不是明摆着的事么。

预算这件事，仔细想想也很有意思。

通常预算是指人们有些钱后打算做点什么。如在商店正找卖领带的地方时，售货员过来打招呼："有什么要帮忙的么?"我一下又无法回答，因为还不知道领带值不值得买。

所谓预算，即是对于事先预想的事物的金钱上的谋划。这时，预想的事物和费用还是一个不确定的对象，因此预算本身也是一个模糊的概念。

已经到手的东西和费用，如果懂得怎样统筹安排，便具有价钱高低都不在乎的性质。像领带和袜子之类的总能找到自己中意的，轻易不会做出错误的决定。但建筑和造园等在涉及的金额巨大，情况变得复杂时，不会像前面所提到的那样一帆风顺。

预算是由某个人采用某些方法经过计算编制出来的。这一过程千差万别，通常某个人先要在某一时段计算预想的事物的体积和面积。

聪明的人会一边参照其他事例的面积一边画出草图，以确定其总面积是多少平方米(多少坪)。然后再参考类似案例计算出预想的单价。

即:

预想面积(A) × 预想单价(B)= 预算额(C)

类似这样的作业，如果交给建筑师或造园师这些专家的话，是不会有问题的(在美国等国家被称为Programming，即所谓程序设计，是专家们的重要职能)。靠估计大概数目来做预算的都是外行(或者本人被周围的人看成内行，但对于这种案例是初次接触的，还是外行)。

因此，在对实际的设计方案进行讨论时，总感到面积(A)被压缩后会不够用。但是单价(B)的根据是一坪土地多少钱，事实上这是一个变化着的数字。当认为土地很便宜时，有可能会减少投入设备的费用(通常占工程造价的三分之一)，即使对外公布的工程费用也只是考虑到政策给别人看的，很少能正确说明实际情况。

假如对面积(A)和单价(B)的出处深究下去的话，都没有什么可靠的根据，只是以错误的信息为基础，既没有参考价值、又极不稳定、富于变化的一串数字。

这些数字无非表达了一种愿望：用多少钱可以造出多少面积的建筑。然而，当这些数字被综合起来以后，作为“预算”一旦被批准便成为不可动摇的决定，只能照此执行。

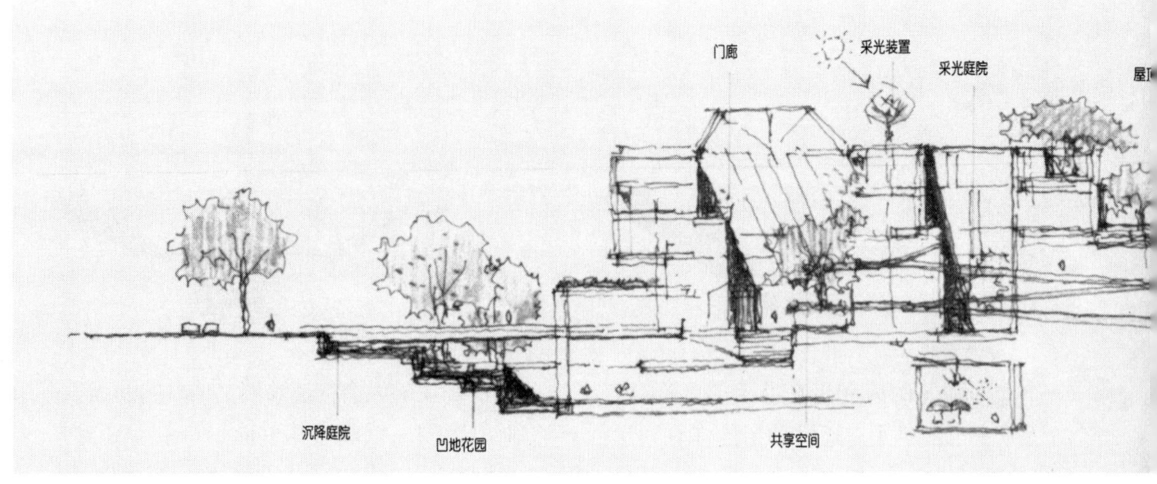

融入建筑中的各种开放空间

实际的设计作业就是在核对(A)、(B)或(C)的数字正确与否的同时，构造满足客户要求的建筑。

如果只是生吞活剥地依赖(A)、(B)、(C)所提供的条件(业主是以所谓“聪明人”画的草图作为基础的)，肯定不会设计出好的作品。因此，从一开始就应该对此加以重视。至于说该怎样做才是正确的，这要看设计者的才气和设计手法，也与业主的好恶有关，只能具体问题具体分析。

说一千道一万，至关重要的是，最后完成的建筑和花掉的费用要平衡，看起来既要合理又能为人们所接受。

各种情况都可能发生。

a) 决算少于预算，结果出人意料。这当然是人们所期待的，但不轻易发生。建设项目与购买现成的商品不同，很难碰到便宜货什么的。因此，出现这种结果的可能性为难度系数C。

b) 大幅度超出预算，工程又不理想，这是最差的结果。

c) 预算未突破，但工程也完成不了，这也不太好。

d) 结果与预算相差不多。这类现象最为常见，其次是C的现象。

e) 符合预算且工程良好。这原本就是计划的工作所要求的，到底该怎样进行才能做到这种程度呢？

f) 大幅度超出预算，但是工程也相应完成得很漂亮，这也是可以的。

(假如预算稍有突破但被业主首肯便不能算是超预算，只要建起超出业主最初预想的建筑，事后他还会偷着乐呢。我本人在工作中亦将这一点当做目标)。

了解了以上内容，就知道只要稍加留意便会顺利地将绿化费用纳入预算中。

认为造园是在工程后期完成的工作是完全错误的想法，实际情况是“建筑在完成后也可以补建或扩建，但造园如不预先进行规划则不可能重新修建”(随处可见的没有绿色的街区便是极好的例证)。

我本人的关于建筑要配置绿化的建议，从来没有被拒绝过，有的只是完成后的感谢，至今还没碰见一个来诉苦的。

下面再以开放空间为例，展望一下其今后的发展前景。

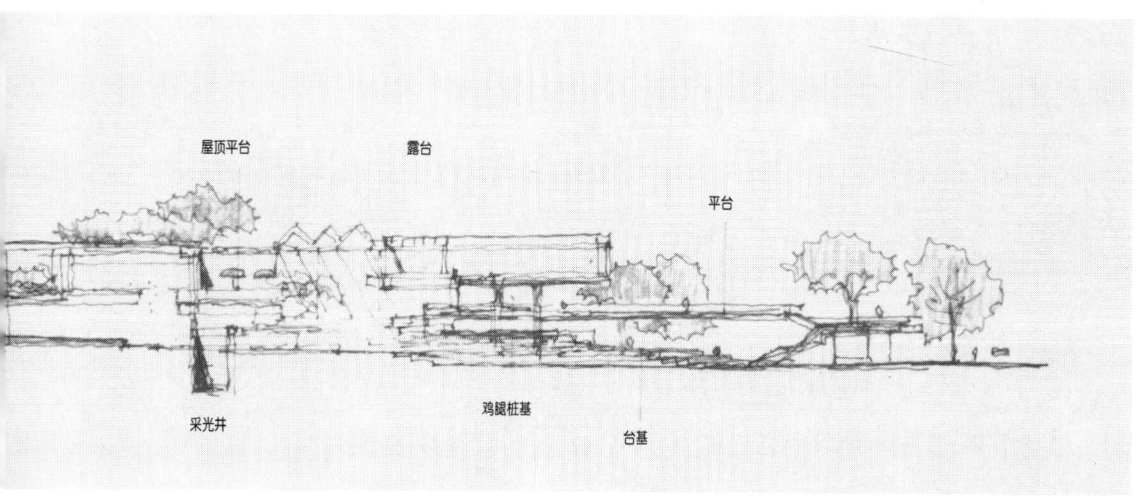

2) 采光井、沉降庭院和凹地花园

建筑物下面被掏空用来采光换气的地方叫采光井。通常似乎指空间狭小的以功能为主的地下室，在这里如果稍加拓展修成小院便成了沉降庭院；再进一步扩大为真正的庭院大小则可建成一座凹地花园。sink(沉降)在英语中尚有阴沟和水槽的意思。sink又演变为sank、sunken(或sunk)。在造园用语中被称为“凹地园”或“沉降园”。沉降花园作为一种造园形式，是从平地往下挖，在里面布置花坛和水体，用来自上而下观赏的。设计时要考虑建筑物本身的条件。

在建筑物基础周围向下挖，地下室便巧妙地具有了一层的性质，只要挖下去是土，安排起来就方便多了。建筑物四周可根据用途自由配置，但多数建筑都在上面与地表持平，下面往往成为地下室。如果采用沉降的手法，地下室立即成为带有漂亮庭园的空间。

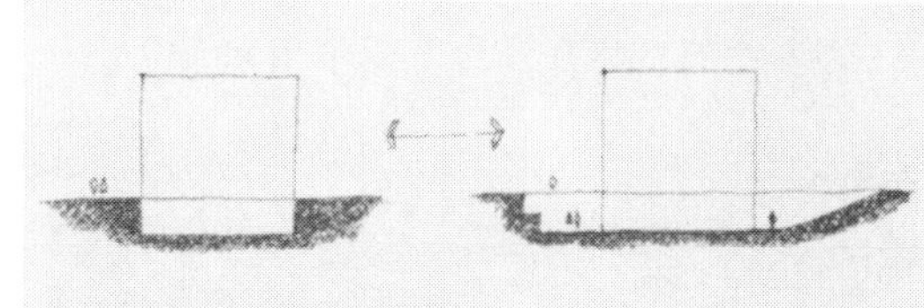

地面情况。地下也可成为一层

沉降花园一例。对面上方的主园水平从左上方开始。近处为沉降花园(托利基亚尼庄园/意大利北部)

沉降广场。洛克菲勒中心的沉降广场，上方为道路层(纽约)

为了提高土地利用率，使空间多样化，应该将这一方法引入设计中，同时还能使设计具有更多的可能性。

在采用沉降形式时，最大的问题是如何排水。现实中有些特殊场合不得不用水泵来抽干庭院中积存的雨水。但雨水又是植物所需要的，因此设自然的坡度将水排到指定的位置成为前提。为了避免被排水管路和水槽的高度所困扰，有必要在规划的开始就重视这一问题。

巴黎·联合国教科文组织总部(M·布劳耶设计)

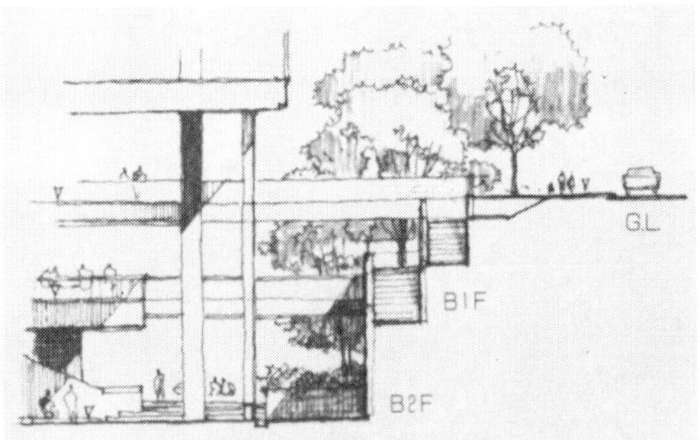

通往地下的共享空间

〈同上〉增建部分设在地下

雷·阿尔广场。在地下挖成的广场(巴黎)

佛罗伦萨的国际会议中心

〈同左〉设在古建筑前巨大的坑洞中

纽约的洛克菲勒中心广场，作为从道路层向下俯视的广场具有悠久的历史。温哥华的罗伯逊广场是一座从市内大街下穿过的巨型广场，与周围建筑一体化的设计十分出色。

将建筑自身地下化也是一种避免破坏相邻的历史性建筑景观的有效方法。佛罗伦萨的国际会议中心便是一座被埋入古建筑前院的大会堂。

多次提到的卢浮宫美术馆，其公共空间的增设也被安排在地下。巴黎的联合国教科文组织总部后来增建的部分都设在地下。在本书其他部分将提到的不列颠哥伦比亚大学的图书馆也是一座大型的地下建筑。

赫尔辛基的坦培利奥奇教堂从道路层看去虽然不是地下，但裸露的山岩上现出的一道道人工凿削的痕迹，给人留下十分深刻的印象(教堂由蒂莫和托莫 · 索马莱尼设计)。

广场从大街下穿过。罗伯逊广场 · 温哥华(加拿大)

〈同上〉中央部下方

里面优雅舒适的氛围让人意识不到上面是街道

外表看似平顶屋，下面却是一个带院子的展厅。柏林美术馆(密斯·凡德罗设计)

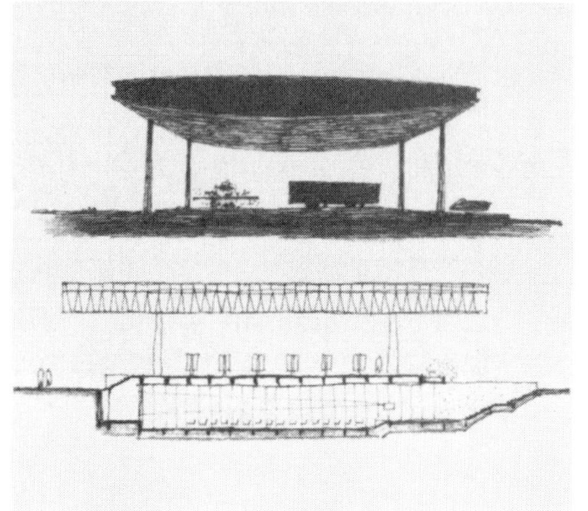

热那亚博览会展馆(A·马加罗蒂设计)

〈同上〉下面的阶梯和外面的雕塑园

利用地下的优秀设计还有A·马加罗蒂设计的热那亚博览会展厅(房间在地下，地上仅有屋顶)和瓦朗萨特的教堂，此外还有密斯·凡德罗设计的柏林美术馆等。

以上这些建筑均为传统的古典建筑，但是公园、广场、微缩景观公园和地下街入口等的沉降式设计便是从这里起步的，而且逐渐有所发展。如将一层与地下层连成一个共享空间，或是将其布置成一个室内花园等等，想象的空间很大。

室内岩壁的肌理清晰可见，坦培利奥奇教堂(赫尔辛基)

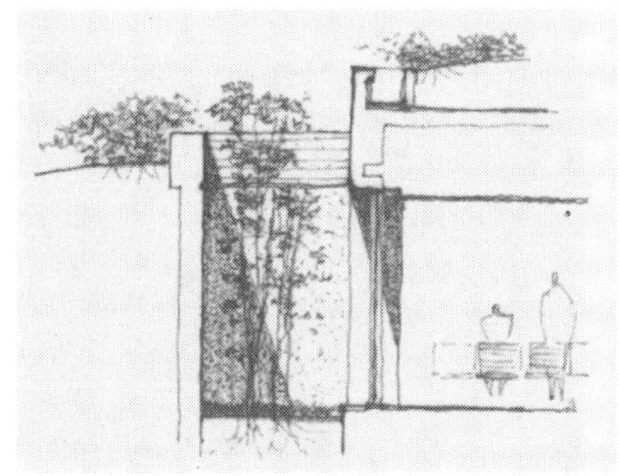
〈同右〉剖面图

沉降庭院。爱知县绿化中心主馆的多功能厅

服部绿地的鲜花绿荫休憩室。沉降庭院

〈同左〉剖面图

地下街异常发达是日本的独特现象，不过还应该进一步改进，与上面的道路和建筑组合得更加完美，或者设采光井和天窗，让自然光照射进来，在地下街中辟出沉降庭院等等。

现在谈些与沉降这个话题无关的事。用于胃镜的玻璃纤维发展很快，如果在它上面安上采光装置，太阳光线可由玻璃纤维输送到任何地方。

青山市的美术馆便采用这样的方式在阳光照射不到的地方栽种竹子。

事实上由于造价很高，目前还不可能在任何地方都使用这种采光方法，不过在需要绿化的地下空间里这种采光方式一定会被逐渐推广。

3) 中庭·内院

“日语中将中庭译成内院，但并非所有的内院都是中庭。如中国的院子、罗马的柱廊庭院和中世纪寺院的回廊则是完全不同的空间。中庭是伊斯兰文化特有的产物，应是一种被称为没有屋顶的房子的空间。”(《西泽文隆小论集2》相模书房)。在本书中，对中庭和内院的概念不做区分，混淆起来使用。

赤城宫的中庭(格拉纳达)

赫纳拉丽妃宫。布满丝柏的中庭

丹尼卡(安拉伊阿诺)的中庭(赤城宫)

有水道的中庭(赫纳拉丽妃宫)

去西班牙如果参观格拉纳达的赤城宫和相邻的赫纳拉丽妃离宫的话，立刻就知道中庭应该是什么样子了。这是一种用语言和图片都无法描述的空间，假如有机会去巴塞罗那，最好实地看一下。在那里，建筑和庭院已经完全一体化，或者说已成为一种超越建筑和庭院概念的空间。

赤城宫的狮子中庭(格拉纳达)

中庭作为一种没有屋顶的房间或户外房间，无论是地面、墙壁还是柱子，在建造和装饰方法上与建筑完全相同。不同的只是去掉了顶棚，与外界相通，使阳光能够充分照射进来。水盆和花盆在阳光下格外耀眼，营造出美不胜收的空间。因周围墙壁较多，使水声发出回响，让人体会到一种与室内截然不同的情趣。

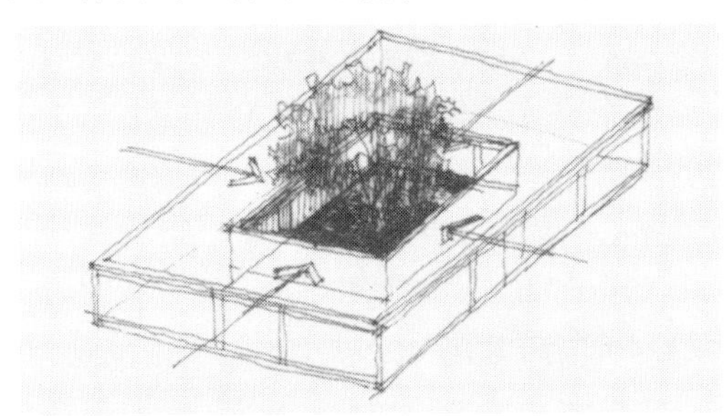

中庭的一棵树，可从四面望见

中庭是位于建筑延长线上的户外空间，从建筑学的角度来说，是可以由建筑师来设计的，并且也不难做到。这让我想起同是中庭，京都的禅寺和商店等处的内院虽然很小，但由于栽了竹子，地下布满苔藓，也被人认为是庭园。仁者见仁，智者见智，其实这些都是美的事物。

小庭园(大池寺)

总而言之，中庭是一种与建筑融为一体的庭院，庭院的融入使建筑具有了更多的功能。如可以用来自然采光、自然换气和通风，这些对于中庭周围的各个房间的作用显得尤为突出。

当建筑的平面放大到一定程度时，走廊等处的采光便成了问题。当配置一个中庭时，周围的房间和走廊便都成了带庭院的空间。如果在中庭中栽上一棵树，就可以从各个方向看到这棵树。更重要的是，在树的四周排列的是我们的建筑和我们所在的房间。各个房间的开口部当然不同，房间里的情形也或隐或现。

至于到底会是什么样子都是可以事先规划的，借助中庭的设置将四周的房间相互连接起来，从而具有各种各样的可能性。如果恰当地使用家具、窗帘、百叶窗和隔扇等遮蔽手段，既可让相互之间完全通透、一直望到对面，也能够有几个保留一点隐私的房间。

下面为某个住宅的例子。住宅为2层结构(附地下室)并有共享空间相连，因为可以仰望和俯视，便具有了变化较大的视角。第53页的照片是从地下室仰望拍摄的，下面是一层平面拍摄的，第48页是二层平面眺望。

有中庭的住宅(T宅)。结构图

有中庭的住宅

庇亚庄园(Villa Pia)的中庭(梵蒂冈)

松树庭院(Giardino della Pigna)(梵蒂冈)

巴塞罗那的米勒公寓

〈同左〉中央的采光庭院(A · 高迪设计)

另外还有难以拍出来的，如从起居室向和式房间望去，起居室(玻璃面)、中庭(玻璃)、和式房间(玻璃)和后院总计 4 个空间被串联在一起，一览无余。几个通透的空间重叠在一起显得妙趣无穷。

正如有人证实过的：“透过庭院看到自己的房子十分惬意。”(林昌二著《我的居室 · 论文》丸善社)。而且如前所述，庭院里还会有树

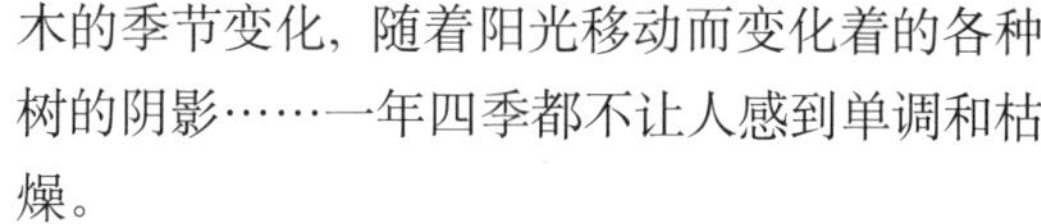

木的季节变化，随着阳光移动而变化着的各种树的阴影……一年四季都不让人感到单调和枯燥。

因为出去就是庭院，所以可在庭院里进餐、开晚会或进行其他一些活动。既可以单独用庭院，也可以把庭院和房间同时利用起来。

只要身临其境地体验一下，就会认识到中庭有着数不清的作用。

中世纪寺院中庭。夏尔特尔修道院(帕维亚)

圣弗朗西斯科大教堂的 2 层建筑(阿西西)

巴比亚的修道院。修道士宿舍的中庭(意大利北部)

门 · 雷阿雷修道院(巴勒莫)

毕加索美术馆(巴塞罗那)。开门进去，眼前的门厅成为带阶梯的中庭

在规划中庭和内院时遇到的实际问题是建造成本问题。作为建筑来说，仅仅是增加了四周的外围面积(墙壁、开口部和窗幔等)，进而增加了地面面积(包括绿化和排水)。显而易见，与没有中庭相比，费用会有所增加。

因此不少人认为多此一举，但以长远的眼光来看绝非如此。

自然采光和自然换气是满足人类生存需要的基本条件，电灯和换气扇只能作为辅助手段，无法完全取代前者。以天窗、共享空间或中庭的形式引入自然光是应该放在建造费用之前来考虑的。

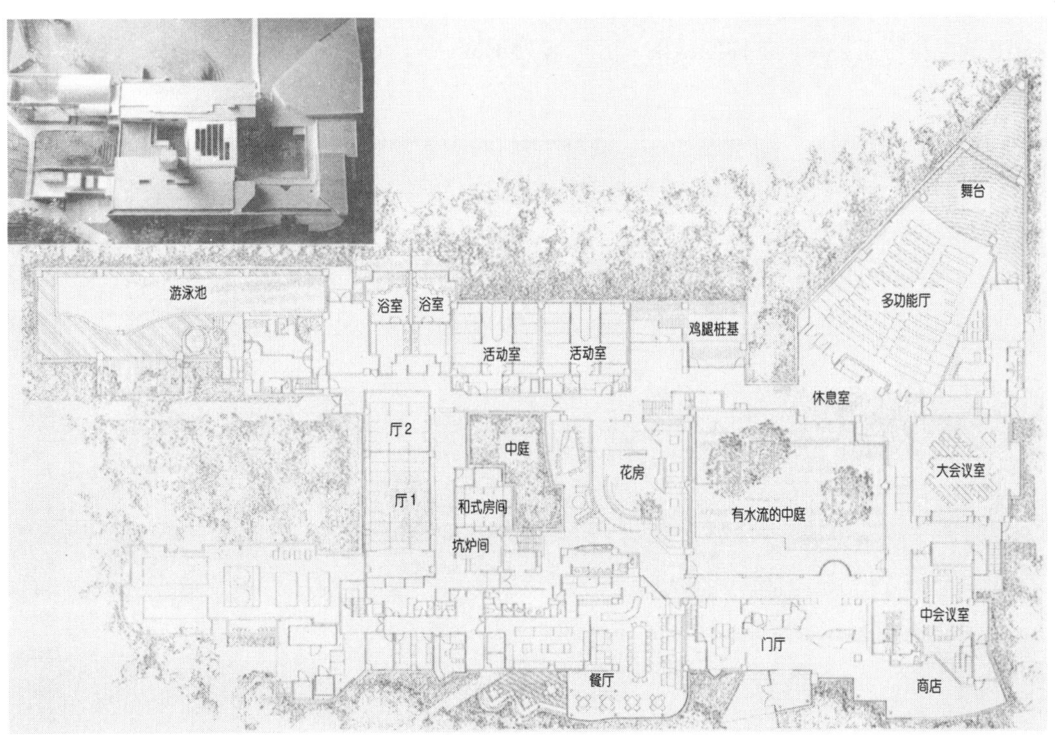

I&I 会馆的平面图和模型照片

I&I会馆的流水中庭

可是，社会上人们总是首先考虑资金的问题。如果将建造中庭的诸多优点数字化并输入计算机中，说不定会得出这样的结果：初期建造成本的增加部分在5年后或10年零3个月后便被收回，无论如何也用不了30年或50年的时间。

〈同上〉从入口处见到的景象

从I&I会所花房2楼往下俯视

兵库县森林公园管理处的中庭

凭我的直觉和判断力，中庭在建成当天就得到了投资回报。竣工剪彩的那一天，在面向庭院的明亮的房间里，人们谈笑风生，都在对这座建筑大加赞赏。业主也一定会走过来，拍着设计者的肩头说："辛苦了，干的不错。"这座建筑不知还要使用多少年，也许是几年，也许是几十年，人们在这期间所得到的有形的无形的好处是难以估计的。如果预算不足，哪怕是砍掉一、两个房间也要造庭院。或者可以这样说：只要有预算，不管够不够都得把中庭安排进去。

安藤忠雄先生的"住吉的长屋"之所以得到人们的高度评价，就是因为在一个几乎什么也放不下的狭小的地方，大胆地营造出一个外部空间，使内外空间成为一体的缘故。

庭院因其使用方式决定了它具有时间越长价值越高的性质，因此只要巧妙地与中庭结合起来，便会造出随着时间增值的房屋来。

作为建筑概念之一的中庭形式，最早见于西亚乌尔的遗迹，其次在庞贝古城遗址和平安时代寝宫建筑中也能找到。可以看做是建筑与庭院组合的雏形。

未来的建筑对智能化的要求越来越高，在建筑中的某个部位布置庭院和中庭的可能性也很大。利用目前现有的技术，完全可以构建出各种各样的空间。如跨越多层的中庭、屋顶花园与共享空间的组合等立体化、复合化的中庭形式，或者还能构建出中庭与步行街成为一体的平面多样化的各式各样的场所。

福冈市植物园温室的中庭

第81页和第82页的插图及照片是夏普公司工会的研修疗养中心——I&I会馆(位于大阪北生驹山中)，整个会馆沿自然地形展开并设有两个中庭。一个名为“流水中庭”，其中央共享空间式的大厅和周围的回廊均以玻璃隔断，里外都看得一清二楚。空间虽然不大，视野却十分开阔。另一个中庭，其四周为和式房间，面积不大，庭院里栽有翠竹。这座二层的建筑由于按着本书第61页的原理布置了复杂的动线，因此随着视线的移动，眼前便会展现出各种不同的景观。

第83页下图为福冈市温室的中庭。水池里安置着第139页中介绍的那种培植箱。

本页下图为水户市温室的中庭，它与第111页右下图中的弯曲的回廊式温室组合在一起，构成圆形花坛样式。照片里面墙壁背后设有小型台阶式瀑布(见第142页左下图)，前面的瀑布幅度为15m × 18m，后面的瀑布为20m × 30m(其中部分为圆角)，整个设计让人感到无可挑剔。

4) 屋顶庭园·屋顶造园

解决日本土地紧张问题是有好办法的，那就是制订一条法律，规定市区所有大楼的屋顶都必须填上1m厚的土并盖上住宅，相邻的大楼之间还要尽量用空中走廊连接起来。

这样一来，相当于全部市区的建设面积都成了住宅，人人都可以住上带庭院的独立房屋，城市也变成绿荫浓郁的花园，市区和郊区连成一体，居住地与工作地相距甚近，没有了通勤的烦恼。

假如真正赋予我这样的权力，我将立刻对下级和相关人员发出“付诸实施”的指令。

听到这些话，人们一定会在私下里嘲笑：这人不可理喻。但我却是认真的。既然是好事就早晚有一天会实现。

巴比伦的空中花园(想象图)

水户市植物公园大温室的中庭

当日本列岛的绳文人还在追逐猛犸时，在巴比伦地区已经耸立起一座“空中花园”。

Hanging Gardens(法语称：“jardins suspendus”)一词说的恐怕不是从空中吊下来的意思，而是成阶梯状堆积起来的花园和庭园的巨大复合体。上面采用了铅板防水装置，被认为是屋顶造园的始祖。

接下来在20世纪初，勒·柯布西耶一再倡导作为近代建筑的5项原则：①中庭，②独立的墙壁，③自由平面，④自由的建筑立面，⑤屋顶庭园。

平房的屋顶应该是可以充分利用的。萨伏伊别墅的起居室与宽敞的平台状庭院连成一体，坡度直至屋顶；尤尼迪公寓的屋顶像地上一样被规划成儿童游乐园、游泳池和会所等公共空间。

奎尼基宫殿的塔楼。塔楼顶上耸立着青冈栎

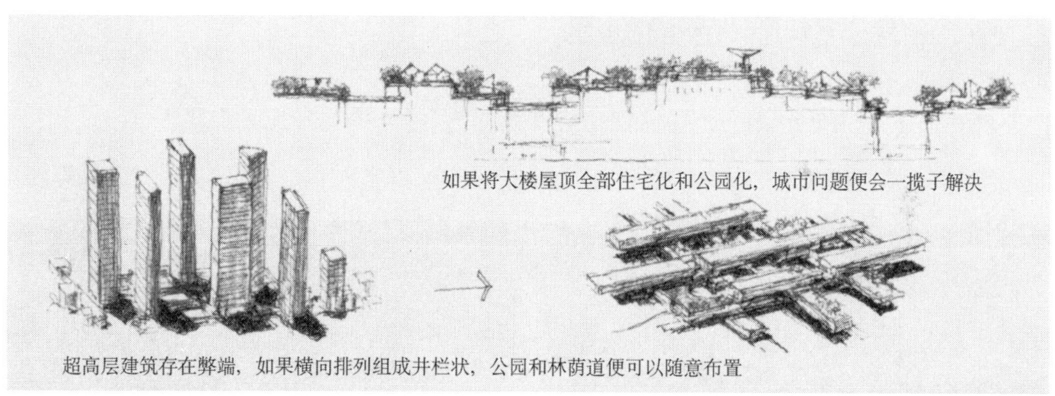

如果将大楼屋顶全部住宅化和公园化，城市问题便会一揽子解决

超高层建筑存在弊端，如果横向排列组成井栏状，公园和林荫道便可以随意布置

古建筑上的屋顶造园(巴黎凯旋门附近)

停车场上的造园(伦敦)

萨伏伊别墅的空中庭园(勒·柯布西耶设计)

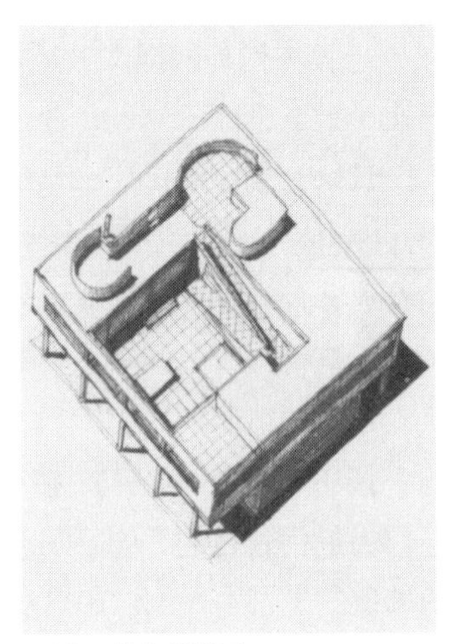
〈同左〉等角投影图

①~④的原则很快便在世界上推广开来，只有⑤的屋顶庭园像勒·柯布西耶的专卖特许一样，还未得到广泛的应用。也许今后会以各种形式被越来越多的人所接受。

将整个屋顶都建成庭园在实践上的难度出人意料，这时会重新在建筑上架起屋顶。但是作为设计手法是多种多样的，也没必要以偏概全，重新架屋顶也许会破坏整个建筑比例的均衡，最后势必与平屋顶组合在一起。其实，这个平坦的地方最好用来建造庭园。

过去大都设在地下室的公司食堂之类，最近开始陆续搬到建筑的最上层。屋顶层设计成庭园形式既是合理的，也是令人惬意的。

当登上大阪堂岛新大大厦(村野藤吾设计)的屋顶时，眼前绿树成荫的景象简直让人感觉不到是在一座大楼顶上。大楼建成至今已经25年了，仍然是一座出色的建筑。

大型屋顶造园实例·凯泽中心停车场屋顶。巴克雷(加利福尼亚)

凯泽中心屋顶造园。园中水池

〈同左〉假山状的土堆均被绿化

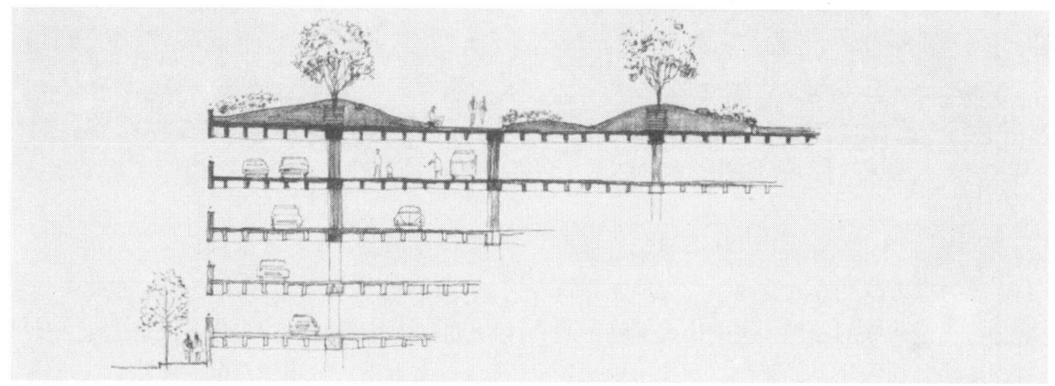

凯泽中心剖面图(引自L · 哈尔布林著《城市环境百态》中的插图，彰国社)

大型的屋顶庭园在旧金山附近的巴克雷有两座。一座在凯泽中心，在其停车场的屋顶修建水池和假山，成为一座大型庭园。与其说这里是屋顶，倒不如说是一处人造的土地。人们完全意识不到是在建筑物上面。尽管如此，在庭园剖面设计上也下了不少工夫，如将高大树木布置在建筑支柱位置等等。巧妙地平衡荷载是规划大型屋顶庭园时首先应考虑的问题，凯泽中心的例子极具参考价值。采用类似的做法，几乎可以说，有多少建筑就能增加多少庭园和公园，越发坚定了人们解决前面所提到的土地问题的信心。

奥克兰美术馆。屋顶部分鸟瞰(设计：凯文 · 罗奇 / 造园：肯 · 坎里)

奥克兰美术馆。主引道周围。层顶全部被景观化

另一处在奥克兰美术馆，整个建筑都被景观化，成为像公园一样的空间。旁边那座建筑还能分辨出是原来的法院。这里让人领略了屋顶造园手法是如何使绿地面积与建筑占地面积一样多的，是一处绿化建筑的典范。

更大规模的景观化建筑的上乘之作当属加拿大温哥华的罗伯逊广场与政治中心区的组合。法院、地方事务所和广场等跨越市中心三个街区，作为一系列完整的设施，被大胆地规划成公园形式。尽头处立着带玻璃屋顶的法院大楼，与其相连的建筑，都要借助天桥穿过马路。屋顶上有一座循环水的游泳池，水以三段阶梯瀑布的形态流下，落在道路层上。从这里开始改为沉降形式，再穿过另一条街道与旧的法院大楼(现改为美术馆)相连。

地面与建筑屋顶浑然一体，彼此难以分辨，再加上恰到好处的绿化，使这里成为供步行者自由上下、散步休息的好去处。

在此需要注意的是，位于建筑物角落处的箱状植木钵和用来植高树的土芯。就像前面说到的凯泽中心一样，平坦的屋顶表面能够堆积的土是有限的，树木的稳定性不算太好。如果采用植木钵和土芯的办法，可确保土层厚度满足需要，同时，土芯状的结构也很合理。在其下面的空间里可布置机械室或仓库什么的。在建筑的某个部分集中地设置这样的空间，或者说采取绿化用土芯方案，今后的前景将会更广阔。

奥克兰美术馆屋顶

〈同左〉雕塑园(加利福尼亚)

罗伯逊广场中央部分。其上方的屋顶是水池

此外，还可以将屋顶水池或游泳池的一部分做成天窗下面与共享空间连在一起。再建成适当的坡度，或者设一个阶梯等等，可供选择的好方案有很多。这些我们将在第96页和第153页中加以介绍。无论是沉降、屋顶造园、水池，还是广场，都是集本书主题之大成的空间，如果有机会到相关的城市，请一定要参观那些杰作。

第90页下图中的佛罗伦萨站前的巴廖尼饭店的屋顶虽然没有种植树木，却巧妙地以攀援植物组成一个蔓亭，使人忘记了这是在屋顶上。圣彼得教堂的屋顶近在眼前，可以一边听着钟声一边进早餐，或是在摇曳的烛光下进晚餐，这是多么的浪漫啊。

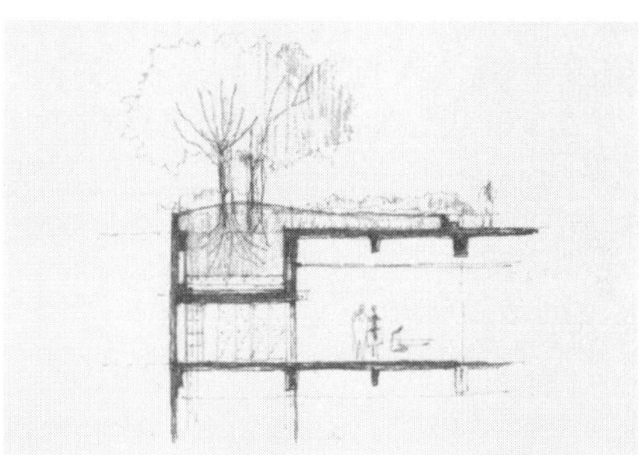

绿化用土芯融入建筑物中

罗伯逊广场。瀑布的中下段是房间

〈同左〉立体的屋顶造园与绿化用土芯

罗伯逊广场俯瞰。绿化景观跨越了三个街区

难以想象林荫路的下面竟然是建筑

道路一侧成眺台状的绿化带

在赫尔辛基，由阿尔瓦·阿尔托设计的SAVOY餐厅将屋顶的一部分设计成阳台状，虽然因此绿化部分不多，但仍不失为一个怡人的场所。

哥本哈根的兰格里尼公园是自然风格浓郁的好去处。公园一端的下方是一座仓库。将停车场和仓库这类对采光要求不高的空间组合在一起，再将其上方公园化，应该说是城市发展的途径之一。

花木町新区住宅(外观见本书第162页，详细内容见本书第202页下图)是由六套住宅组成的居住共同体。住宅相互错开重叠排列，三层占了二层屋顶的一部分，二层则占了一层屋顶的一部分，各家都配置了庭院。

第91页下图为温哥华市内的一座公寓兼写字楼(A·埃里克森设计)。第92页上图是位于巴塞罗那的大型绿化公寓，外观虽然显得有些花哨，但那六面体的造型与街区环境完全融合，具有地方特色，而且从建筑内向外眺望的视野也十分开阔。像这样将建筑造型与绿化结合起来，也许会是城市景观化发展的一个方向。

巴廖尼饭店的屋顶(佛罗伦萨)

〈同左〉攀援植物绿化景观

兰格里尼公园(哥本哈根)

〈同左〉边缘下方是仓库

Saroy 餐厅(A · 阿尔托设计)

〈同左〉阳台部分(赫尔辛基)

在进行屋顶造园时，很多人都担心防水问题不好解决，当以幻灯机放映屋顶庭园照片进行讲解时，一定会被问到："那么，防水是不是可靠呢?"这样的问题。

当以肯定的语气回答："完全可靠。在屋顶和室内建游泳池屡见不鲜，公寓和饭店里到处都是洗澡间，只要处理得当，就不用担心漏水的问题。"仍然会有不少人的脸上流露出诧异的神情。

温哥华的公寓兼写字楼(A · 埃里克森设计)

〈同左〉仰望屋顶一角

让人觉得有些花哨的绿化大厦。从里向外望满眼绿色(巴塞罗那)

一般的防水按常规做意味着雨水不会渗漏，即使在这样的地方放上土壤和植物，作为防水对策，仍然可以采用常规的办法(在细部章节将详细介绍)。

将屋顶造园化的好处之一便是土壤的隔热作用。屋顶的植物在夏季会减弱太阳光对建筑的照射，厚达几十厘米的土层具有明显的隔热效果。有了屋顶造园的规划，下面的房间会冬暖夏凉，对此应大力宣传。

人类早期的住所便是洞穴。在土耳其至今仍能见到洞穴状的民居。日本在战争期间挖的防空壕，有横穴和竖穴，也是用来掩蔽市民的。

洞穴是没有屋顶的。因此没有必要想把屋顶上怎么样。但只要上方不完全是沙漠，总是会有岩石和土壤，多多少少总会生长着一些植物。从剖面形状看去也近似于屋顶造园。

下面左图，建筑物像挡土墙一样嵌入倾斜面内，建筑物里布置了机械室、水槽室和洗手间等(剖面图见第 204 页)。

下面右图是座公共厕所，建筑被造成假山形状。也许应该将它称做造园化建筑。

苗木广场管理室屋顶(爱知县绿化中心)

〈同左图〉土堆状的公共厕所

学院书店。A · 阿尔托设计(赫尔辛基)

5) 共享空间

共享空间一词的由来前面已讲过。共享空间对于今后的建筑来说，越来越成为不可或缺的要素。近年来，这个由片假名书写的外来语已逐渐成为普通名词。

即使在美国，Interior Open Space 一词也正在普及。如果翻译过来，可译为室内绿地、室内空地或内部广场。

可以称为建筑的室外化，也可以认为是庭院的室内化，共享空间是仅次于建筑和庭院的第三空间，它被广为关注的原因有以下几点。

一是建筑的巨型化。当建筑规模大到一定程度时，里面将无法吸收到自然光线。因此便必须在建筑内到处开竖洞以用来采光。设置中庭固然是可供选择的方案之一，但是中庭上面需加盖玻璃屋顶形成一个大厅，下面才可利用。建筑巨型化带来的另一个问题是，内部形成许多完全相似的空间，令人觉得单调，甚至弄不清自己身在何处。如果搞一个纵向的共享空间，里面的人随时都会知道自己是在哪一层的什么位置，即所谓保护了人的自主权，无论从功能上还是视觉上说都符合目前信息化社会一切空间以人为本的原则。而那种房间一个接着一个，走廊长得没有尽头的大厦(以物为中心的建筑)一定会使人感到厌烦。

劳塔 · 托洛大厦。A · 阿尔托设计(赫尔辛基)

SAS 车站大楼的主大厅(因改建，现已不存在)

米兰火车站

欧·普兰达百货商店(巴黎)

另一个重要问题是自然环境的缺乏。由于计算机的普遍应用，人们在工作、学习和开会时使用的场所都在向人工智能化的方向发展。人们在不进行这些活动时使用的空间，如散步、休息、约会、或静思的地方，最好能得到自然光的照射。多少有一点树和水才会使人的心情变得更加安谧和宁静。

室外的绿化固然重要，但已被室内化的场所如果能让绿荫、鲜花和水流同时沐浴在由天空投下的阳光里,该是一幅多么美妙的情景呵！

建筑物和一般构筑物的性能越是高密度化和高品质化，越是应该融入更多的自然要素(作为其性能和品质要素中不可缺少的一部分)。

伴随着城市的高密度化,广场和中央大厅之类共享空间化的设施也会不断涌现。

人们一边撑着雨伞防备雨淋一边从超高层建筑墙根下走过，不管怎么说都是一幅可笑的画面。

佛罗伦萨火车站

尼曼·马卡斯百货商店(旧金山)

福特财团大厦。K · 罗奇设计(纽约)

城市原本是一个有机体，建筑物作为其中的构成要素，如果不以某种形式联系起来便不能发挥其应有的作用。这种联系如果仅体现为步行道和人行天桥或地下通道的形式，与建筑纵向的发展相比较便显得落后了。假如有5座或10座超高层大厦立在那里(这些大厦看起来像气体打火机似的，近来又变成墓碑一样了)，位于下方的3层到5层彼此之间应建立起一种有机的联系。而且在连接的部分最好建一个可充分接触自然光的天井空间。

有了道路法和各种各样的法律，在法律的规范下，社会才成为今天的样子。法律本来就应该让人生活得更安全、更舒适，因此随着法律的完备，城市建筑也一定会借助共享空间那样的空间相互连接起来。

不单单是大型建筑，小住宅也一样。其他像小型商店、学校、饭店、医院、机关(市政府、区政府、税务所、监狱)、运动场馆、游乐设施或老人设施(随着高龄化社会的到来，一切设施都将成为老人设施)等等，在任何一处建筑里设共享空间都应是意料之中的事。

泼阿特 · 里金希饭店(旧金山)

温哥华的泛太平洋饭店

罗伯逊广场的共享空间。屋顶上面水在流着(右下方2幅照片同)

在公共厕所的建造上，最近也出现了“华丽洗手间”这样的词。洗手间又明亮又清洁。类似这样的地方如果再加上屋顶和房檐，并安上百叶窗，里面势必变得阴暗起来，卫生也不好。

如果将外界当做墙壁，室内充分享受到阳光，便形成一处明亮舒适的空间。这是早在刀耕火种的古希腊时代以前人们就懂得的知识。

当初本是一体的建筑和庭院，后来被分开，建筑是建筑，庭院是庭院，各自独立地发展起来。

罗马时代建筑和庭院本是难以区分的空间，后来通过各种技术的改进，才作为一种超越建筑造园一体界限的新空间而诞生。

共享空间式的内部。H · 霍莱因设计(维也纳)

水中装有天窗

从下方仰望。透过水面阳光闪闪

巨大的挑棚。温哥华泛太平洋饭店入口处

由于包容了建筑、庭园、广场和街道拥有的数千年的历史成果，共享空间成为一种具有无限发展可能性的空间。

但是，近来出于各种商业目的，一些巨大的、装腔作势的建筑不断涌现，似乎在竞相攀比着：看谁规模大，看谁更豪华。这很难说是健康的倾向。

我常常在想，如果真有多余的财力，为什么不对建筑的周围及路上的奔走的行人予以更多的关注呢?就是在室内空地方面也还有一个质重于量的问题。

4个角以共享空间式的空间立体连接

〈同上〉(美国 · 俄勒冈州波特兰市)

共享空间式的挑棚(温哥华)

爱知县绿化中心主馆的绿色大厅

现在我们再来谈谈在共享空间里进行绿化的实际情况。爱知县绿化中心的绿色大厅便是以绿化为主的共享空间或称内部开放空间，在室内绿化实践方面积累了丰富的经验。

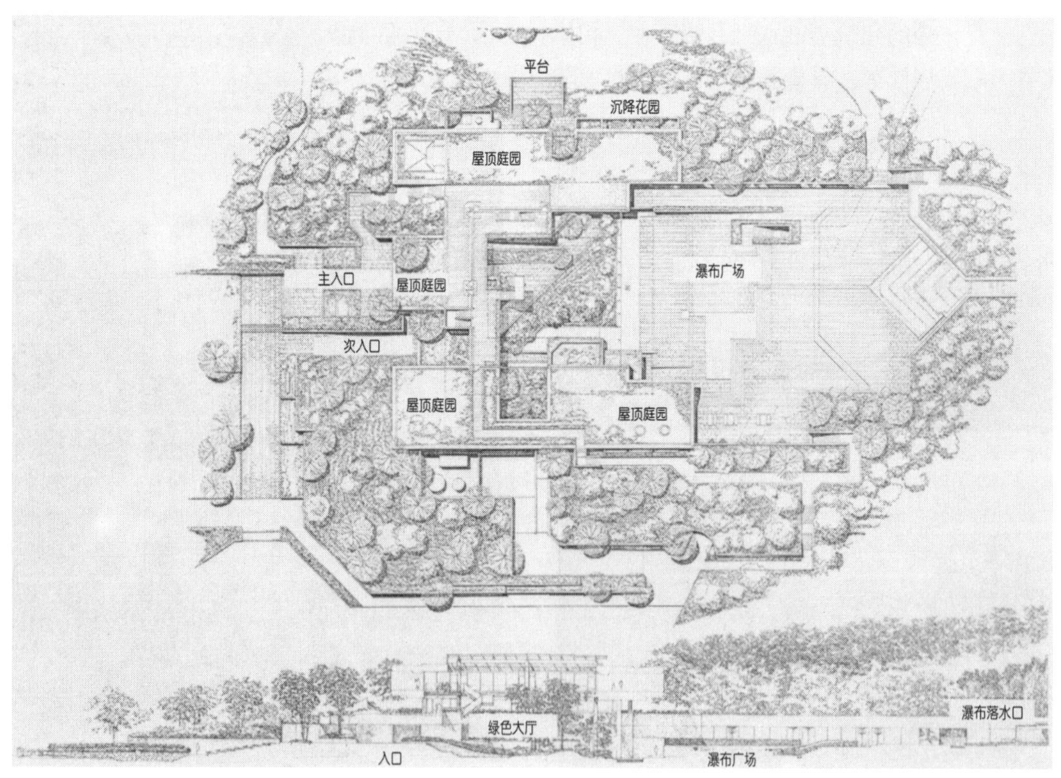

爱知县绿化中心主馆周围的场地平面图和剖面图

基本设置大体如室内一般，但是下面要铺土，并且要以自然换气为主，因此将其称做带天棚的中庭或许更符合实际情况。

这一方案差不多在20年前就有人提出过，但是根据对前面提到的福特财团大厦和哥本哈根的SAS车站大楼的观察，我的结论是：既然配置的对象是植物，植物在室外构成自然的一部分，那么共享空间绿化的真谛便是将室内尽可能布置成近似于室外的状态。

也曾试过以空调解决整个空间的换气问题，但由于植物是有生命的，而机械换气却要24小时不停地工作。也许正常草木要安眠时，换气空调机却要开始旋转，而且一年四季都是如此，显然对植物的休眠是不利的。

自然换气则不会有这样的弊端，而且几乎没有结露现象(密封的空间在冬季是一定会结露的)。

整个空间为30m见方，为3层结构，其中央高度为12m，在一些地方留有间隙，外界空气可由此流入内部。

施工中，建筑工程与造园之间曾产生过一些矛盾，幸好由京都大学造园学教研室的人来调查大厅的内部环境条件。他们调查了日照和通风等情况以及温度、湿度和土壤状态等，安放了许多植木钵，里面栽植着盛夏里对光照敏感发育较快的植物(如阳性的牵牛花和阴性的虎耳草)，以观测它们在大厅里的发育情况。

他们利用数周时间，收集有关植物的枝叶生长、伸展方向、花朵和花蕾数及叶子为几重等专业的数据，最后总结出各自的特点。

因系现场实验故结果一目了然。在大约2个月过后，呈现了各种各样的情况。至于植物，原打算用大船运输，没太当回事。但因与专家指导的做法不同，立即改变了计划。

中心部俯瞰

每当春季到来，大岛樱竞相开放(照片由绿化中心提供)

EXPO’90国际展览会光馆主门周围

关于这座绿色大厅的情况，在以后的观测中还发现以下几点：

- 一天中气温的变化较外界气温变化慢，最低气温高，因此，日温差较小。
- 地表8m往上，温度较高，与下方的温度差经常在3℃以上。
- 一天中的相对湿度比室外高。
- 日照在向阳的地方相当于室外的60%～70%，阴天时相当于1/3，雨天时相当于1/4。在背阴的地方，其日照仅相当于室外的百分之几(相当于幽闭的森林内，5%以下)，绿化部分的地表在冬至时日照为零，但在夏至时日照为零的地方极少。加之四周玻璃的反射，使日照的分布极其复杂。

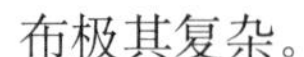

- 出入口的开放对通风换气和减缓温度上升速度起着很大作用。

大厅的绿化方案便是在这样观测的基础上制定的。

礼堂的音响效果什么的，可以通过模型试验来测得数据，植物则难以办到。尽管不是万能的，但只有通过实物观测才更直接了当，也不容易出错。

通常施工时间都比较短，但稍加留意便会发现，前面提到的大厅建筑的换气间隙应该已经按设计要求留出来了，这对造园者来说是至关重要的(不这样做便会出现这样的麻烦事：栽下去的植物在这个陌生的地方只活了一夜)。

调查绿色大厅中盆栽植物的生长情况

〈同上〉仰望光馆上方的天空。肋板是钢化玻璃

〈同左〉光馆内部。是一处可射入自然光的植物展示空间，为钢材和大型集成材的混合结构

栽培各种植物都有一定的实验意义，绿色大厅建成15年来，植物的生长状况一直不错。绿荫植物十分繁茂，常绿树则一般化，落叶树红叶变得较慢，颜色也淡(因日温差较小，据说只有早晚的寒气才会让红叶变得更美)。而且叶子还不脱落(这是因为没风的缘故。枫树的红叶是淡黄色，一直挂在枝头上)。这倒验证了大同人寿保险公司一位先生的话：在大厅里栽落叶树不会成功。现在看来，他的预言有几分道理。

关于绿色大厅的其他一些情况，这里也简要介绍如下。

○**浇水：**按现有规模没有必要采用自动灌溉系统，只需根据植物生长情况适时浇水。不过在上层眺台状部分安装了洒水栓，水可以从上面和侧面喷出来(植物是需要侧浇的雨水的，水必须浇到叶子的背面去)。顶棚上安装着自动洒水栓，是供消防用的，与绿化作业无关(消防人员是参照森林防火的做法，把这里的植物也当做可燃物，设想出最坏的可能性来提出种种限制)。

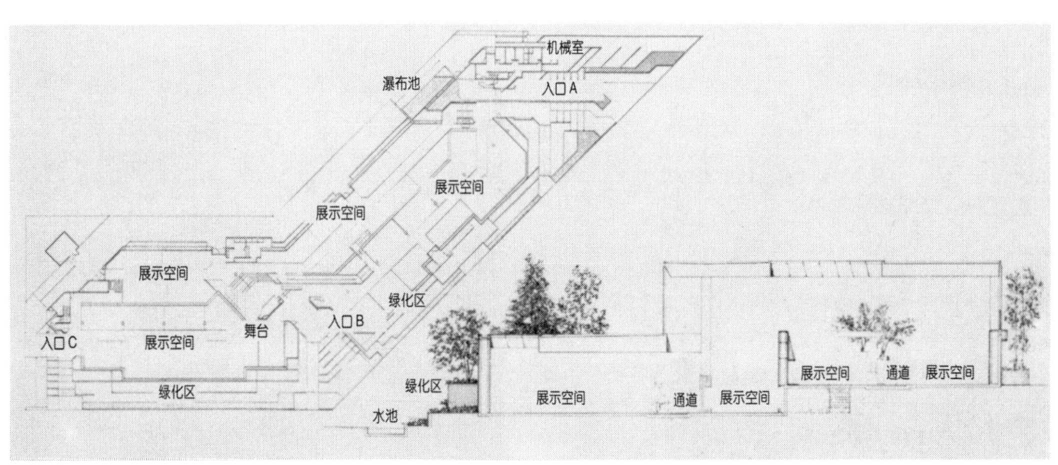

国际展览会光馆平面图和剖面图

EXPO’90国际展览会光馆主门的挑棚

○**排水：**为使厅内的土壤优化和得到改良，在其中每隔2m左右放入一只直径为200mm的多孔管。

○**树木搬运：**经过充分考虑，设计了一个2.5m × 2.5m的入口。后来我曾接触过几个类似的温室，按这个入口的大小来做都未碰到什么问题。

○**玻璃：**屋顶面铺设的是6.8mm厚的夹丝玻璃(现在都采用钢化玻璃，会使造价降低)。在大厅上部四周悬挂半透明反射玻璃(这样可以让背阴的地方多少也可以接受到一点反射光。尽管无法计算，但在角落里通过它大量反射光一定会产生类似阳光照射的效果)。

〈同上〉中央入口处的弧形挑棚

I&I会馆共享空间外观

I&I 会馆的花房

其实不光是室内，凡是在阳光无法充分照射的地方，都可以用镜面来引入阳光，这是一个好方法(镜面包括反射玻璃、半透明反射玻璃和不锈钢抛光镜面等)。

另外，附带说一下，这个绿色大厅考虑到做室内绿化实验的需要，还设置有与温室相对的“冷室”。

设立绿化中心的初衷，便是希望将其办成一座绿化方面的咨询机构，因此不管有什么疑问都可以直接了当提出，一年中除岁末年初外都不休息。

共享空间式的门厅。兵库县森林公园管理处

6) 玻璃房·温室

温室在英语中称做Green house、Nursery house、Conservatory、Glass house和Winter garden等，不过还不太清楚它们在用法上到底有哪些区别。首先要说明的是，日本没有温室的历史。

据平凡社出版的《世界大百科事典》："1818年(文化15年)开始采用灯笼窖、冈窖和唐窖等来保护植物，出于采光和保温的目的，使用纸和炭火。作为玻璃温室开山之作的青山市开拓者之园始建于1870年(明治3年)。"书中插图显示，所谓灯笼窖和冈窖不过是三尺见方的箱子，唐窖则是个小屋。

也许是因为气候温暖、植物也繁多，就连冬天山茶和梅都盛开着，所以认为建温室的必要性不大。令人奇怪的却是盆栽和插花十分盛行。

明治以后，全国各地建造的温室大多模仿欧洲18、19世纪宫庭温室的形式，并一直为园艺界的人们所推崇。

兵库县花卉中心的温室

〈同上〉温室内部

I.I.T.的拱厅(密斯·凡德罗设计)

温室虽为古典风格，但外观的几何学形态没有任何意义。

关于最初设计温室的时间，曾查过日本建筑学会编的《建筑设计资料集成》(旧版)，但一无所获(新版本中载有一点这方面的内容，但没有多大参考价值)。可以说，在日本温室作为建筑尚未得到人们的认可。

我最早接手的兵库县花卉中心，当时曾接待过一个温室建筑商，他提出在园中建穹顶式温室似乎与周围景观不协调，是否应再考虑一下。我们接受了他的意见，重新设计了方案。

新的方案在外观上与播州平原具有日本特色的风景十分和谐，未做任何修改便付诸实施。开园日期日益临近，不得不采用常见的突击作业方式，值得庆幸的是，边学边干总算克服了这样那样的困难。

通过亲自动手你会注意到温室玻璃看上去与普通建筑的玻璃完全不同。普通建筑安装玻璃，你一定能想到从外向里看，室内光线暗看

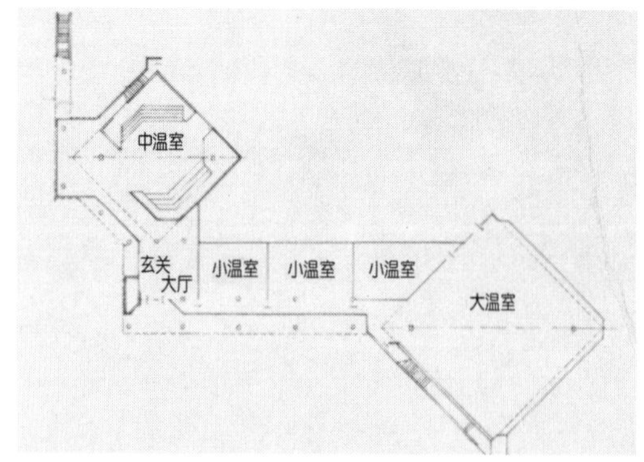

〈同左〉温室平面图

神户市须磨离宫植物园的大蔓棚和温室

〈同上〉剖面图

〈同上〉内部

不清什么，因而在设计时自然地把玻璃当做一个实心面。但是温室则不同，由于外面的光线可透过顶棚射入其中，玻璃很难构成实心墙面。里面的门窗开关机构，给水、暖气、电气等的设备和配管以及维修用的通道，没有了天棚和墙壁的遮掩，全部暴露出来，透过玻璃在外面看得一清二楚。从这一点来说，像P·约翰逊的“玻璃住宅”那样以钢材和玻璃建造出的美的空间，真是一件不简单的作品。无论如何，呆在这样的空间里总会有进了温室的感觉。

福冈市植物园的温室(照片由日本温室工业提供)

福冈市植物园的温室

〈同上〉剖面图

另外还有日照问题。设计上一般都会按照业主要求将玻璃面积最大化，但从观赏的角度看，也需要有一些适宜在背阴处生长的植物，因此应该留出日光照射不到的部分，以供栽植此类植物。这些也许是不言而喻的罢。

只要你看到在特意留出的背阴位置生长着的郁郁葱葱的观叶植物，对上面所说的道理更会加深认识。

方才提到的爱知县的例子便是如此。想想看，热带丛林的下面便相当于永远幽闭的森林空间，阳光是很难照射到的(日照不过5%左右)。因此说日照不是随意确定的条件，必须最大限度地确保植物生长所需的日照(日照过多可以遮挡，但不足时却无法补充。尽管有植物培育计划，也不是说按照计划办就能解决一切问题)在设计中留下的日照不好的地方，还是要设法将其利用起来。

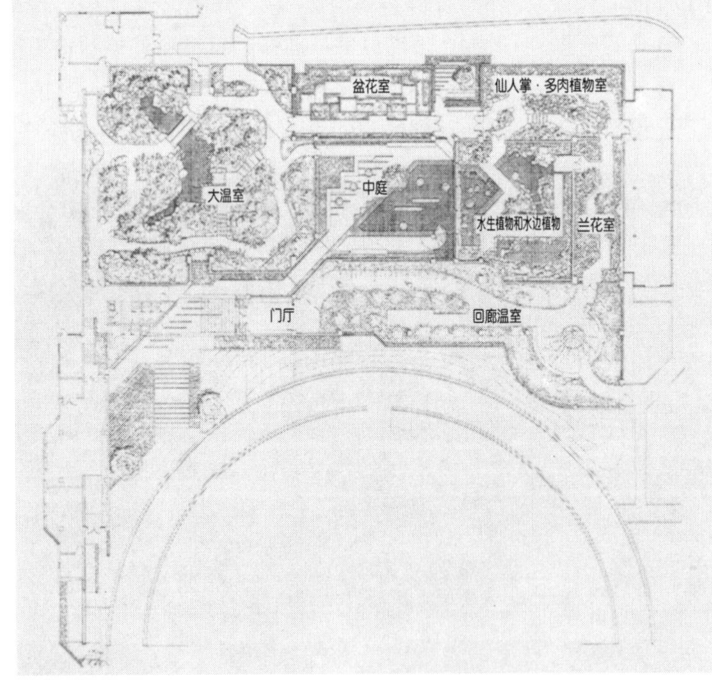

〈同上〉1层平面图

〈同上〉鲜花回廊

福冈市植物园温室的正门

神户市的须磨离宫植物园温室，正是根据这一经验充分参照建筑形式来设计的。参观过几个温室之后，发现钢材不适合用来建造温室(在高温潮湿的环境中钢材很容易生锈，当植物生长得非常繁茂时，对钢材的表面涂装也十分困难)，因此以钢筋混凝土来构筑主结构，墙面也大多贴了瓷砖。

在形态上并不完全像一座温室，更似一座公园。里面还布置了蔓亭和小桥一类的构造物，其中一部分盖了玻璃屋顶，里面栽有热带植物。

造园的内外施工是由荒木芳邦先生和有关的人员承接的，整个工程完成得相当不错。过多的墙壁可能会给施工带来一定困难，但却让栽种在这里的植物茂盛起来。

与温室相邻处有一个咖啡角，是一处布满鲜花和绿荫的所在，在这里喝喝茶、吃点东西，会感到很惬意。只是夏天温室很热，冬天又发闷。掺杂着些许花香，空气里弥漫着温室特有的味道。

〈同上〉盆栽花室

〈同上〉以棱镜玻璃加盖的平屋顶部分

以玻璃隔断起来是无济于事的，何况冬天还会结露。应该在实际连接部分留出一个很窄的间隙，在其中设空气幕帘，这样从视觉上看是一体的，实际上却被空气分隔开。

福冈市植物园的温室算是规模较大的观赏用温室。其中被分成几个风格迥异的温室群，环绕着中庭周围布置，在沿中庭环游时会在眼前展现出不同的景观。地面水平也是逐渐变化的，大致看去，有如山岗和低谷的模样。还设有一个中2层，可在此处向下俯瞰，取名为“立体回游式”。

主体结构为钢筋混凝土及钢骨架钢筋混凝土，并以钢骨架作为加强手段，根据需要在不同的部位设有开口部。

温室很容易被看做是玻璃箱子，冬天还好说，到了夏季如果通风不好便成为“热室”，会将植物烧死。日本的夏季属于热带气候，不需要箱子式的温室，应在适当位置留出开口部并配备有效的遮光装置。

现将各温室的剖面形状及其主要设备整理如下表。其中一部分温室设有冷气装置，目的是让夏季室温不超过30℃，以收纳怕热的植物。

福冈县植物园温室各部剖面结构及主要栽种植物、温湿度设定和设备等一览表

室名·剖面结构	主要栽种植物	温湿度设定	设备			
回廊温室　圆筒拱顶	鲜花回廊 以九重葛和木槿群植为主并配植蔓类植物时髦的意大利风格	冬季12~13℃以上 加湿	圆拱形顶棚 下段为二联的上下拉窗 换气扇(山墙面)	普通照明 路标灯	洒水栓 自动洒水栓 水雾喷嘴(项棚面)	盘管式散热器
兰室　遮光百叶窗	洋兰房间，根据季节情况也放入日本兰花 以岩石组和凹陷构成自然风格的眺台 有深山幽谷之感	冬季20℃以上 加湿	3扇推拉联窗 电动百叶窗 换气扇(山墙面)	普通照明 路标灯	洒水栓 自动洒水栓 水雾喷嘴	盘管式散热器
水生植物 水边植物室	水生植物和水边植物 阶梯式的水面和水流	冬季18~20℃以上 水温也升高 加湿	3扇推拉联窗	普通照明 路标灯	洒水栓 水雾喷头 水池循环水泵	盘管式散热器 单元供热装置(墙面) 顶棚压力扇 (循环器)
仙人掌 多肉植物室	仙人掌类 多肉植物类 沙漠 岩石园风格	冬季5℃以上 干燥	3扇推拉联窗 凸起的活动天窗	普通照明 路标灯	洒水栓	盘管式散热器

〈同上〉仙人掌·多肉植物室

〈同上〉大温室

服部绿地。绿荫和鲜花掩映中的休憩室

或者让遇到天热就不开的花开放，延长了花期，这无疑受到了观赏者的欢迎。

在这里尝试使用了棱镜玻璃(玻璃块)。因此，即使二层或屋顶上在有人行走时，也不会妨碍下面的栽培作业，而且还能造出平屋顶的温室(或共享空间)来。

室名·剖面结构	主要栽种植物	温湿度设定	设备			
盆花室 遮光百叶窗	四季展示盆花 木制平台、木架和吊盆等	冬季10℃以上 夏季30℃以下 加湿	3扇推拉联窗 电动百叶窗	普通照明 路标灯	洒水栓 自动散水栓 水雾喷头 底面配水装置	盘管式散热器 密封型 空气调节器
大温室	热带树木 热带花木和果树 热带花园风格，有丘陵、山谷、水池、水流、小桥和露台	冬季15℃以上 加湿	3扇推拉联窗 设备使用说明图板	普通照明 路标灯	洒水栓 自动散水栓 水雾喷嘴	盘管式散热器 单元供热装置(墙面) 顶棚压力扇 (循环器)
美术温室	园艺规划设计展示用空间 开口部手动操作	冬季10℃以上 夏季30℃以上	3扇推拉联窗	普通照明 路标灯	洒水栓	双盘管式散热器 导管式空调
培育温室 遮光帷幕	展示植物的培育和改良	冬季15℃以上	受变电设备(密封配电盘) 应急发电装置空间	普通照明(作业用)	散水栓	盘管式散热器 简易空调装置
机械室·电气室					热力锅炉(2台) 储油罐 储水池(4t) 压力水泵等	油罐(埋于室外，10000L)

服部绿地绿荫鲜花休憩室。从斜坡一侧看到的外观

服部绿地鲜花和绿荫休憩室。从入口进去，透过共享空间式的温室可看到主园

不同形状的屋顶可通过平顶部分比较容易地组合在一起，使其应用范围更广。棱镜玻璃似乎原本是用于地下室采光的，被镶嵌在铸铁的框里，其结实的程度可以承受汽车的重量，因此造价也很高。对于不用供人们行走的屋顶来说，没必要采用铸铁格框，只需安装一个普通的铁框，便能将建造成本降下来。

大阪府的服部绿地城市绿化植物园中有一个鲜花和绿荫掩映的休憩室，采用的是温室与其他建筑一体化的形式。公园的管理事务所和绿化休息室与作为展示之一的观赏用温室成为组合体状态。在徐缓的斜坡上布置一个二层结构的建筑，其中一部分形成共享空间，一条引桥自上而下。当通过一个不大的广场进入，可看到平房的入口，视野豁然开阔起来。可透过温室看到里面的主园，四周完全为鲜花所覆盖，令人感到妙趣无穷。

一处平坦的空间既是展示空间，也可为残障者使用，经过这里可下到低处去(这部分的屋顶也采用了棱镜玻璃)。中央部分的休息角及下面用于研究和展示的多功能厅，一面是温室、另一面是凹地花园，房间两侧均面向庭园。说起来都算是玻璃房。

这里具有作为典型绿化的示范意义，所以才采用了目前的构筑形式(似乎没有绿化的绿化休息室更多些)。当人们步入下面的房间时，一定会惊叹："啊呀，在这里举行结婚典礼可太棒了!"但也会有人对这里没有咖啡馆而感到遗憾。

〈同上〉二层的通道

〈同上〉紧邻温室的研修室

水户市植物公园大温室

温室被分成两部分：汇集大众熟悉的室内植物的鲜花大厅和集中了山茶珍品的山茶室。山茶是在冬季也能开花的，为什么还要放温室里?人们一定会这样想。孰不知山茶中的珍稀贵重的品种也是经不得风吹雨打的，也得放到温室里精心培育。在玻璃温室中经过严格的温度控制管理，使从中国来的黄山茶也能绽放出花朵，曾一时被传为美谈。

温室结构采用耐候钢(通称覆膜耐蚀钢)与钢筋混凝土组合(耐候钢是一种不锈蚀的钢。当改变钢材中的锰或其他成分时，钢材便会产生一定程度的锈蚀现象，表面生成氧化铁的皮膜，锈蚀过程则停止。即所谓是一种以锈制锈的钢材)。耐候钢被用到建造温室上，具有明显的优点：因无需事后的涂装，使维护保养变得简单多了。

当然，耐候钢的表面颜色只能是铁锈色。

水户市植物公园的观赏大温室基本上是模仿福冈市的温室设计的。不过它将前面提到的如“服部绿地”似的绿色休息角和多功能室都布置在温室里。

水户市温室的特点之一是热源。作为垃圾处理工厂的余热利用设施，它相继建设了温水游泳池、体育馆和浴场等。一提到垃圾工厂，不少人会觉得太脏，避之唯恐不及(事实上这里在建成前也的确很糟糕)，但是充分利用这里产生的热能，便可以营造出一个有花有草让人感到神清气爽的环境。在隆冬季节鲜花盛开，如同温暖的春天，热源的免费使用为未来的发展提供了难得的机遇。

另外，温室还采用了将花坛设在中庭的形式，在园路的不同位置辟有侧路，如果要参观园内的各个角落，只需再花点工夫就可以了。对那些急性子的人，似乎必须指出一条捷径来。但我们想这样回答他：“这里是公园，先生。没有特别的捷径。”

〈同上〉平屋顶部分。花球自上垂下

〈同上〉鲜花回廊。上面是拱顶

水户市植物公园大温室

一旦在这样的设施中立标牌的话，转眼间各种标识便会充斥其间，实在不宜提倡。

在欧洲等地一些漂亮的公园和庭园设施中，至少在重要景观处是不立标牌的。或许在一个不起眼的地方挂着一幅地图(是那种客易辨别方向的平面图)，以红点标出“YOU ARE HERE”，即现在所处位置。洗手间也难得见到，即便有也得找一阵子。但看了这张地图立刻就明白了它在什么位置，这与将“便所”和“WC”写成黑字牌子立在那里的做法完全不同。再说，花坛和庭园也不是那种靠指示捷径的路标匆忙赶过去的场所。

以上说的是观赏用温室的例子。像这类以植物为主的温室并不具有多少规划的性质。只需将温室风格的空间与共享空间相结合，这类温室今后会越来越多，并提供给我们各种各样关于建造植物温室的参考资料。

与温室相反的概念是“冷室”。这一想法似乎古已有之。有了冷室，人们不必爬到山上去就可以观赏高山植物了。爱知县绿化中心的展览计划便将其列为其中的一项。

这间冷室是将一个5m × 5m左右的空间以人工调控里面的温湿度和日照等，形成一个小气候，近似于高山状态。实际操作时却让人感到意外的困难。高山并不仅仅是温度低，夏天终日都有阳光照射，夜间骤然变冷，即气温的日温差很大。湿度也是如此，室内经常会弥漫着雾气。高山上并不全是岩石，有干地，也有湿地、湿原、沼泽和雪原，在这些不同的地方都分别生长着美丽的植物，应该说是大自然的造化。想要将它们全都收纳在有限的空间中谈何容易!为此，必须想方设法建造一座有岩石、有沼泽，还要雾气弥漫的微型高山。

作为冷室暂时获得了成功，里面的植物似乎也生长得很好。待完成后进去一看不禁让我大失所望：鲜花仅在当年开放，说起来真是可怜；苔藓的周围也稀稀落落地开着一些小花。放入的品种虽然很多，因为空间狭小，并没有

〈同上〉果树温室内部

水户市植物公园，果树温室和绿荫广场

产生身在花圃的感觉。弥漫的雾气令人难以看清鲜花(这是肯定的：即使在山上，浓雾中也是看不清植物的)。

但对于学术研究和普及教育来说还是有意义的，似乎也能受到真正的植物爱好者的欢迎。只是欠缺一点通俗意义上的乐趣。温室中人工调控出的常夏气候，使鲜花一年四季长开不败，但在常冬气候条件下却是没有鲜花的。在近乎常冬的地方营造出难得的夏季气候，当然也能使高山植物生长并开出花来，但要让它一年四季都开放则是非常困难。

多数人都认为，作为展览在做这种规划方案时应避开高山植物，选择那些在山脚下或比平地稍冷的地方的植物，把低温温室当做温室的延伸来考虑，则成功的可能性会更大一些。

近来，生物工程一词不时传入耳中。

通过对植物的雄蕊和雌蕊授于不同的花粉便能使植物的品种得到改良(儿时曾听到过这样的说法：种下无籽西瓜的种子长出无籽西瓜，因为没有籽，不能传宗接代。只能再播下无籽西瓜的种子)。

〈同上〉面向广场的花店

〈同上〉温室风格的洗手间

I&I 会馆餐厅的一部分采用日光浴室形式。周围挂着卷帘

这样的改良和试验向来是在田地里进行的，需要蝴蝶和昆虫的帮助，历经春夏秋冬花费许多时间才能完成。生物工程是随着生物学、遗传学和物理学的发展而诞生的，当试管、烧杯和奶瓶什么的组合在一起时，生物工程便以飞跃的速度发展起来，在细胞和遗传基因的基础将这样那样的生物组合起来。据说从理论上讲没有什么生物是不能由人工造出来的。

不怕旱的玉米，又小又漂亮的小番茄，小番茄便是番茄与马铃薯杂交的产物。永不凋谢的鲜花、抗公害的行道树、代替净化槽的睡莲等等。因为生物工程一词中的“生物”二字是一切有生命的物质的总称，所以仔细想一想，这项技术似乎真的具有无限发展的可能性。

其实在不知不觉间，生物工程的研究成果已经大量走入我们的生活。酱、酱油、酒和豆豉之类本来就是生物制品，只是我们没有意识到罢了。

植物的栽培技术也会伴随着生物工程的发展不断进步。

在筑波科学博览会上，展出了一棵西红柿，上面结了12000个果实。黄瓜和甜瓜的种植也采用了无土栽培法。

只要把西红柿和甜瓜苗放入特制的容器中，它们便会很快生长，变得又粗又大，简直就像《杰克和小树》的童话一样，结出的果实数也数不清。由于植物能充分合理地获得所需的水分、营养和空气，因此成长十分迅速。

温室风格的餐厅(哥本哈根)

温室风格的餐厅。海德公园(伦敦)

I&I 会馆咖啡角(左面照片深处)

〈同左〉手工艺室的玻璃屋顶部分

但并非说农业都要变成这样的方式。用这种方法栽培的西红柿，其枝叶展开后的直径达10m以上，所占据的空间至少可栽种10多棵普通西红柿。如果是夏天，即使它结出那样多的果实，运输包装箱和果实所消耗的能量比在田地里要多得多。如果真的具有大规模生产的实用价值，这一系统的设计者本人为何不建一座大工厂来垄断西红柿市场呢!

作为一种示范方式还是很有趣的，因此被放到各地去展出。我本人也曾在一个百货商店的屋顶上尝试过这种栽培方法。负责装置的制造商解释说，植物的生命力被披上了一层神秘的面纱，而建设温室的技术人员却在小心翼翼地询问，夜里温度降低到几度合适。碰上以人工方式处理植物的场面，大家都兴致勃勃，工作起来一丝不苟(小时在家里的菜园或放学回来的路上也常有类似的感觉：担心西红柿会不会枯萎。但充其量只是一种念头。这回可确实是认真听取了大家的意见)。

不管怎么说建造温室都是大势所趋，因此一些与之配套的建筑也必然应运而生。对于生物来说，总要以某种方式接受太阳光线的照射，因此作为气候控制装置的温室也一定会在这方面提供一些可供参考的资料。

〈同上〉带天窗的浴室。外面为露天浴场

〈同左〉有天窗的温水泳池

7) 水景

当把绿化与庭院或公共空地联系在一起时，水景也是与植物同等重要或更重要的构成要素。

被称做日本三景的松岛、天之桥立和安艺的宫岛无一不是以水面作为重要的景观要素。

有了水面，首先，因为大面积的反射了阳光，风光显得更加秀丽。

其次由于镜面效果的作用，将景致扩大了一倍，水面上出现周围景观的倒影。而且，景观和水中的倒影会因时间、天气和季节的不同，时时刻刻都在变化。

当你正为水中的倒影着迷时，微风在水面掀起一阵涟漪，水面上的倒影也摇动起来，不知什么时候，摇动停止了，像油的流动似的平静，水中的倒影顿时也不见了。

日出、夕阳和月夜。有时映在水面上的自然变化，会触发人们萌生难以用语言表达的情感。

民间传说，诗人芭蕉曾咏出过这样的名句："松岛呵、松岛呵、松岛呵!"就说明当时他被感动得无法再接下什么别的诗句来。

严岛神社在涨潮时，潮水一直涌到多层重叠的回廊边，反射光将其四周朱红和翠绿的景象投射到顶棚上，随波荡漾。

严岛神社(宫岛)

或者当你想起宇治的平等院凤凰堂前水池中美丽的倒影，才更容易领会什么是水面效果。

在这里，建筑与庭院浑然一体，形成了无法描述的完美空间。

在清澈的水已逐渐远离日常生活空间的今天，以适当的方式将水引到建筑周围或其内部来是件重要的事。过去的日本建筑所采用的设计方法，是建立在建筑与庭院不可分的理念上的，庭园里大都布置着池泉等水景，但今天的建筑却显而易见地正在失去水的清澈和流畅。

下面仅就想到的几处水景，类似速写似地大致介绍一下。

京都深泥池是1万年以前自然形成的。因为其生物种类繁多，被确定为自然保护区。随着大量水田被改为宅基地，天然水池(池塘)逐渐消失。

平等院凤凰堂(宇治市)

深泥池(京都市)

伊势神宫宇治桥

〈同左〉上游一侧的排柱

过了宇治桥便到了伊势神宫。宇治桥成为架在清澈的五十铃川上通向仙界的一座引桥，木桥及其两侧有许多排柱立在水中，在水面留下了美丽的倒影。

京都·上贺茂的出家人住宅全都是跨水而建，排成一列。清冽的水潺潺流着，真是让人心情舒畅。

津和野还残存有几座古民居，至今河里还有鲤鱼游来游去，惟其如此才能吸引许多观光客前来观光。多么想把这条清澈的水流搬到自己的身边来。

日本庭园的池泉中有些精品实在是很美的。净瑠璃寺平静的池泉在设计上处处结构严谨，并均与池心岛对应。金阁寺的镜池中有几座小岛，上面栽植着几棵品种优良的树木……，类似的景观不胜枚举。

京都·上贺茂。出家者住宅

净瑠璃寺的水池庭院

津和野的住宅和水流

修学院离宫(京都市)

站在修学院离宫的任何位置，眼前都会展现出一幅美景。穿过浓密的树丛来到高处，眼前的风景越发显得开阔和深远，这便是封面图片呈现给我们的上茶屋空间景色。从这里下去，可眺望水池和西边的池岸。造型优美的树冠、天空和池水交相辉映，让人感到美不胜收。

诗仙堂的假炮利用水发出声的演奏，每当“哐”的一声过后，一切又归于平静。

洗手盘小小的水面也在微暗的地方静静地闪着亮光，相对于中庭水盘的“动”，这里应算“静”吧。

金阁寺前池局部(京都市)

假炮(诗仙堂)

洗手盘(龙安寺)

阿德里阿那庄园(Villa Adriana)(罗马郊外)

位于罗马郊外的阿德里阿那庄园，将庭园和建筑布置在160ha的巨大地块上。现在庄园已变成一片废墟，但仍能让人想象出当时壮丽的情景。庄园里有一座被称为海剧场的建筑遗址，弯曲的排柱映在水中，看上去美极了。

从阿德里阿那庄园再往前一点还有一座蒂沃利(Tivoli)的厄斯特庄园。庄园利用斜面布置了喷泉、瀑布和流水台阶等各种水景，简直是水景大检阅。不由让人叹为观止：在数百年前，没有动力的时代，人类竟然能造出如此奇妙的景色。

卵形的泉水(Fantana dell' Ovato)

百泉之路(Vìalle delle Centro Fontane)

管风琴喷泉(Fontana dell' Organo)

(以上均为罗马郊外的蒂沃利的厄斯特庄园)

法尔内兹宫苑(Palazzo Farneze)

锁链状的流水阶梯(意大利)

西班牙的中庭与水有密不可分的关系。赤城宫(格拉那达)的5个中庭全都布置了风格迥异的水景。狮子中庭、丹尼卡中庭(第78页)和麦克斯阿尔中庭(第13页)等，以及相邻的赫纳拉丽妃宫(Generalife)中的中庭，都有许多充满情趣的水景。另外，还有水流中庭(第78页)、丝柏中庭(第77页)和让水从栏杆上流过的流水阶梯等。

意大利的三大庄园，分别为蒂沃利的厄斯特庄园、兰蒂庄园和法尔内兹宫苑，都设有各式各样不同的水景。

赤城宫 · 帕尔达尔庭院(Jardin del Partal)

赤城宫 · 帕尔达尔庭院

赫纳拉丽妃宫 · 流水阶梯中庭

加尔卓尼庄园(Villa Carzoni)的跌水(中央发暗的地方)和阶梯(意大利北部)

在这里再以流水阶梯为重点介绍几个例子。不是自夸，其实在设计爱知县的流水阶梯落水口之前，我尚未亲眼见过一处真正的流水阶梯。参观和考察这些设施都是在那以后的事。

法尔内兹宫的下方布置了美丽的庭院和水池，当往高处走去时，就会看见一道锁链状的流水阶梯。

在兰蒂庄园里也有类似的优雅华丽的庭园，高处布置着扎里加尼的流水阶梯。

在意大利北部的加尔卓尼庄园，一进入大门，正面便会出现所谓que-de-yeux(耀眼)的壮丽景观。

加尔卓尼庄园(上面照片)俯瞰

托尔洛尼亚庄园・螺旋阶梯状的跌水

兰蒂庄园・扎里加尼流水阶梯(意大利)

科莫湖畔·切尔诺毕欧的厄斯特庄园(Villa d’ Este)

自流水阶梯上面向下望

从三段的挡土墙阶梯里面(照片发暗处)落下跌水。

托尔洛尼亚庄园(Villa Torlonia)本身便是一座公园，在挖有凹洞的挡土墙上面以螺旋形状连接着跌水和阶梯。近前是露天音乐堂。

阿尔多布兰蒂尼庄园(Villa Aldobrandini)的布局与前相比也有相似之处。在流水阶梯的中段立了一根螺旋状的石柱，据说原来水是从柱子里流出落下的。

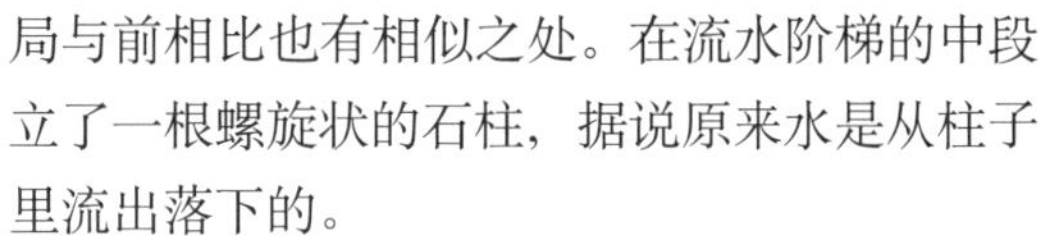

科莫湖畔的厄斯特庄园目前已成为最高级的饭店。流水阶梯自建筑内的庭院一直延伸到后山。

厄斯特庄园·上段的流水阶梯被分成两条

契可尼亚庄园的流水阶梯

卡尔洛德庄园·自湖畔伸展过来的引道

依佐拉 · 贝拉(Isola Bella) · 马乔列湖(意大利北部)

登到最高处环顾四周，透过下面树林的缝隙，可见一条清流一直奔向湖面，成为一道笔直的“眺望线”。

浮在马乔列湖面上的依佐拉 · 贝拉是宫殿与庭园的复合体。依佐拉是岛，贝拉是美的意思，即“美岛”。在这座岛上包括了土木、建筑、造园、园艺和美术品等所有环境构成要素。

科莫湖畔的卡尔洛德(Villa Carlotta)庄园也是一座美丽的别墅，其主引道一直通向湖面。

该地区的契可尼亚庄园(Villa Cicona)也布置了一个台阶状的庭院和跌水。

阿尔多布兰蒂尼庄园 · 挡土墙和流水阶梯

依佐拉 · 贝拉的台阶状庭园局部

依佐拉 · 贝拉的台阶状庭园局部

比萨尼庄园(Villa Pisani)(意大利北部)

近处跌水落口周围

比萨尼庄园有一个布局巧妙的法兰西式庭园，建筑物映在前院的水面上，近前为三段的流水阶梯。因其两侧均为树林，使得中央部分更为明亮。

在整形庭园中设有一些墙垣以将其分成不同的部分，各部分大多点缀着水景。英国白金汉的不列颠领地(Clieveden Estate)便是其中一例。

在这里附带提一下，某些庭园里还有一种被称做惊愕喷泉的设施，也有人称之为吓人喷泉。它总是从意想不到的地方突然喷出水来，令人大吃一惊。据说是当时贵族们的一种游戏。

设在栅栏中的水盘 · 不列颠领地

惊愕喷泉 · 托里加尼庄园

惊愕喷泉 · 奎里那尔宫

新布仑(Schönbrunn)宫苑的主园(维也纳)

海神尼普顿喷泉水池

在法兰西式的整形庭园中同样也把水景作为主角或配角。新布仑宫苑的主园中有一座从远处便能望见的建筑，名为库洛里埃特，前面也布置了喷水池。

慕尼黑的茵芬布鲁格城堡(Nymphenburg)也在前院的中央设置了喷泉，以强调城堡的轴线。

茵芬布鲁格城堡的主园(慕尼黑)

兰贝宫的运河(巴黎郊外)

在整形庭园中往往还布置运河之类的较大水面。此照片便是其中一例。

意大利的法尔可尼埃里庄园(Villa Falconieri)，在挡土墙阶梯的顶端，有一个被扁柏围起来的水池庭园，平静的水面映着美丽的倒影，即使是把照片颠倒过来看也分不清正反。

法尔可尼埃里庄园的水池庭园(意大利)

赛诺索城堡(Chateau de Chenonceaux)· 护城河和城堡建筑(巴黎郊外)

巴黎郊外的赛诺索城堡也以拥有整形庭园而知名。城堡建筑被设计成横跨护城河的形式，整座城堡像湖心岛一样，在水面上形成倒立的影像。

在日本长崎有一座拱桥，当其倒映在水面时则变成为眼镜桥。而在巴黎效外，被列为整形园范例之一的曼德逊城堡护城河中看到的则是一双半睁着的眼睛，实际上则是一对正圆形。

在风景式庭园中，桥和亭榭等构造物是景观中的重点。这些景观映在水面上的影像与整形园所营造出的情趣不同。照片为西维克姆公园(West Wgcombe Park)的例子。

西维克姆公园的水景(英国)

曼德逊城堡(Maintenon)的护城河

〈同左〉远处是水渠桥的遗迹(巴黎郊外)

尼斯湖(Loch Ness)和湖畔的古城堡(苏格兰)

关于岸边一词，人们不太喜欢用外来语。用以表示水边之意的词汇很多：水边、岸边、河边、海边、海岸、池畔、湖畔、河旁、河岸、河沿、池沿、水际……。从这一点也看出由“水”派生出的词汇相当丰富。如果将以上那些单词都抛开不用，只归纳成一个外来语的“岸边”，会让人难以理解，“亲水空间”一词也是同解。

以尼斯怪兽著称的尼斯湖畔是一处观光娱乐区，但湖岸却一点也未遭到破坏。

科莫湖和马乔列湖岸边是别墅集中地，以石块和绿化带经过精心设计形成的护岸绵延不断，一点也看不出土木工程的痕迹。

绵延不断的美丽的护岸

石造船屋(以上均为科莫湖畔)

湖岸边婆娑的大树(马乔列湖畔)

奥·勒·维克多城堡(Vaux Le Viconte)的主园和建筑(巴黎郊外)

奥·勒·维克多城堡，以凡尔赛宫的原型而闻名。但多数人都认为凡尔赛宫规模过于庞大，因而极力推崇维克多城堡。

从春到秋，喷泉和瀑布每月放水2次。但从设计上看，即使没有水流动也是一座美丽的庭园。构思严谨周密，几乎找不到一处瑕疵。

庭园十分平坦，坐落在远离闹市区的地方，再加上一些配套设施，常常将游人不知不觉地引向各个角落，使人感到一阵阵的惊喜，不停地发出赞叹。被称为流水阶梯的地方在建筑一侧是看不到的，但在更低一点的地方，布置有建筑物和雕塑，前面是运河。对面稍高处

从城堡房间里望见的主园·远处是海格立斯的塑像

到处都涌出有特色的喷泉

大型长幅阶梯瀑布(以上均为维克多城堡)

凡尔赛宫(Versaille)· 阿波罗泉水(Bassin d' Apollon)

有喷水池和海格立斯的塑像。从这里回望，庭园与建筑的关系便可一目了然。

在凡尔赛宫300ha的园区内，有数目众多的泉水(Bassin)。只有在夏季的星期天，你才能欣赏到当年曾举行过不知多少次的水的飨宴——Grandes Eaux(大喷水)。平时仅限于在树林中某个角落里可见到水景，由于分布的范围很广，想要巡游一圈看看全貌也不容易。

宽达160m的海神尼普顿泉水，每隔15分钟便会随着音乐“哗”地涌出，但转眼即逝，又仅剩一座水池。

宫殿前的花坛和喷泉

洛可可喷泉(Bassin de rocaille)

拉特奴泉水(Bassin de Latone)· 对面是大运河

尼普顿泉水(Bassin de Neptune)

在某个特定的夜晚，以大运河的一侧为观众席，对岸为舞台，会举行盛大的演出。

成队的马车穿过森林，游船在水面上漂荡，喷泉、焰火和照明交相辉映，壮观的场景是语言难以描述的，不由让人想到王公贵族们举行大飨宴时的景象。

巴黎郊外的基贝鲁尼还残留有几处画家莫奈的住宅、工作室、花园和荷花池。庭院内有水池，其上架着拱桥，这是从他的画里知道的。但到实地一看，没想到竟是这样开阔，着实吃了一惊。

天龙泉水(Bassin du Dragon)

大运河上的现场演出

克罗那多(Colonade)喷泉(以上均为凡尔赛宫)

莫奈(Claude Monet)的水莲池

金橙美术馆的水莲图，第一室和第二室

金橙美术馆(由卢浮宫的附属建筑改造而成)中有一幅长度跨越两个展室的水莲图，参观的人都对这幅超大的巨作惊叹不已。

哥本哈根的迪波利游园，是一个有名的去处，并受到成年人的欢迎。园内到处都是优美怡人的景观，尤其以被鲜花装扮起来的气泡喷泉最为别致，大大小小的水泡浮现在林立的透明水柱中，"咕嘟、咕嘟"地向上漂，人们都被它所吸引，甚至忘记了时间的流逝。

不知为什么，日本没有建造喷泉的传统。在金泽市的兼六园里有被称为日本最古老的喷泉，构造却是十分简单。

迪波利(Tivoli)游园区·气泡喷泉(哥本哈根)

圣詹姆斯公园(St.James Park)(伦敦)

刮台风和降雨量大难以成为不建喷泉的理由，从地理角度看，日本的地势是易于造喷泉的，但不知为什么偏好瀑布和水流，也许是在水田里平整的土地上干得太辛苦的缘故吧。

白金汉宫旁边的圣詹姆斯公园，是一座设有喷气式喷泉的场所，非常安静恬适。在这里还可看到卫兵换班的场景。

雕塑家卡尔·米勒斯留下了许多水景与雕塑融合的作品。在斯德哥尔摩就有一座收集米勒斯作品的美术馆。

在蓬皮杜中心的侧面有一个独特的喷泉，其设计者为以活动雕塑而闻名的J·津盖里。

拉·德方斯有一处高级喷泉，从网眼状喷嘴里喷出的水能随音调的高低上下运动。

卡尔·米勒斯(Karl Milles)的庭园(斯德哥尔摩)

蓬皮杜中心·津盖里设计的现代喷泉(巴黎)

拉·德方斯的花式喷泉(巴黎)

卢浮宫美术馆的金字塔和喷泉池(巴黎)

改自宫殿并进而向大卢浮方向发展的卢浮宫美术馆，在其中庭建了一座金字塔状的玻璃屋，地下是宽敞的门厅。以被45° 切开的方形图案构成的水池中也设有喷泉，即使是夜晚在灯光的映照下也显得美不胜收。贝聿明的这件著名的现代作品已完全被环境古典化。

在国外旅行时，会在意想不到的地方遇到意想不到的场景。在街角处便常能见到人们抓拍嬉水的场景，但在书中见到的照片，往往表现的是从起伏的铺石路面冒出的水和街角处巨大的水盘。

卢浮宫的夜景

街角处见到的喷泉(慕尼黑)

街角处见到的巨大水盘(斯德哥尔摩)

拉布路易广场(Lovejoy Plaza)(美国 · 俄勒冈州 · 波特兰)

L · 哈尔普林设计的拉布路易广场，到现场后才发觉它比原来想象的要小得多，多少有些扫兴。

同为哈尔普林设计的利巴依斯广场，布局得当，造型优美。紧邻的恩巴卡地洛广场的巨大雕塑喷泉虽有人不喜欢，但与其后高速公路之间的组合还是比较和谐的。

很早以前曾拜访过巴西首都巴西利亚。在最高法院周围的水池中栽有植物，这些植物被人工加固于水底。在水面上还漂浮着玛尔特 · 潘女士的塑像。

利巴依斯广场(Levis Plaza)(旧金山)

恩巴卡地洛广场的雕塑喷泉

巴西利亚最高法院。D · 尼玛尼亚设计

爱知县绿化中心绿地边的小溪和主馆 · 雪景(照片由绿化中心提供)

以上就想到的一些水景做了简单介绍。以下再列举几个本人亲自参与设计的例子，并加以点评。

爱知县绿化中心将约50ha的县有林作为本县绿化的基地。在充分利用现有地形的同时，再施以不同形式的优质绿化。以中村一教授为首的京都大学造园教研室提出这样的方案：水从最高处流下，在变化为跌水、水溪、瀑布和水池等形态的同时，将整个园区串连起来。

长度达80m的跌水从山脊的树林中流出，直泻而下。设计时，根据业主的要求，将落水口设在广场附近，并采用建筑构造形式。

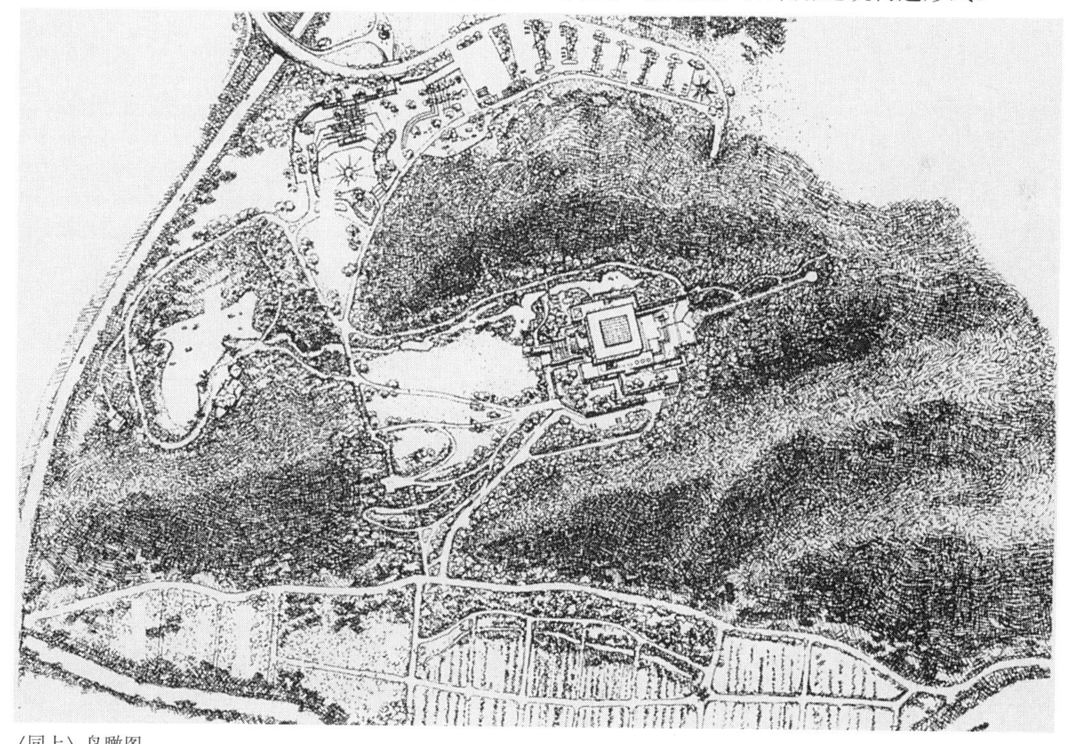

〈同上〉鸟瞰图

阶梯瀑布广场·从主馆二楼见到的情景

布置一个高于地面成阶梯状的水盘来承接落下的水流，并将水流散落开成帷幕状，最后流入阶梯形的水池中。其中一部分水在广场上成为小阶梯瀑布，一直流入建筑物中。但大部分都注入侧面的水池中。从水池开始，又变成自然风格的溪水，与日本庭园相连。

阶梯瀑布广场被设计成边长为50m的正方形，周边环绕的挡土墙上留有凹洞。为突出周围的绿化效果，广场内一棵树也没有。紫杉树丛成为通往地下的阶梯的栏杆，红中透着一点绿。

主馆周围。小落水口。水面

广场内的小阶梯瀑布

从挡土墙凹洞中落下的水流

日本庭园的雪景，可见到主馆(照片由绿化中心提供)

绿地边的溪水在日本庭园处变为瀑布落下，又重新汇为小溪，注入平静的水池中。这一带完全成为一个造园的世界，处处展现了造园参与者的智慧和劳动成果。

我的贡献是，制作了大量的图板，并设计了亭子及其里面的洗手间。

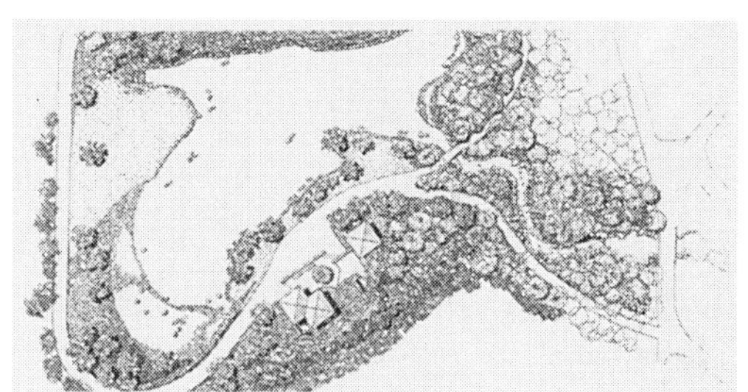
日本庭园平面图

参观者可绕到落水口的后面

透过瀑布见到的主馆

停车场洗手间院子中央的小水池

神户市须磨离宫植物园的温室及与其融为一体的落水

神户市植物园温室南面有一道贴瓷砖的墙壁和阶梯，在留出的两个凹缝中，一个布置鲜花，另一个配置了水流。落水口由石材制成，由墙壁向外探出1.8m。利用杠杆原理落水口自上吊下，内部压着温室并向外突出，落水口的下方镶嵌着玻璃。

福冈市植物园的瞭望休憩室，其下方成沉降中庭形式，里面有快餐厅、平台和水面。水的出口是在混凝土上铺钢化玻璃制成的，由于四周是墙壁，水声格外地响。

福冈市植物园(第83页、第139页)的中庭水池中，原本打算在其中放置栽培箱，但却遇到了困难。

福冈市植物园的瞭望休憩室

沉降中庭的水和水纹

从上面向下望

浮在水上的栽培箱。福冈市植物园

栽培箱必须是透水的，但只要在箱上开了孔，一放入水中便会沉没。即使是放在发泡苯乙烯那样浮力很大的台板上，陶瓷制的容器也会很快沉下去。只好将其固定在混凝土支柱上，看上去像是漂浮的样子。因为栽培箱是固定不动的，所以，还可以想出更多更好的方案来，可以参照地面规划设计来做(也有制成船形和天鹅状的栽培箱，但品位都不高，不适合摆在高雅的地方)。

因有过在人口稀少地区工作的经历，这里也收录一例，以说明建筑物与天然水流是如何结合在一起的。

〈同上〉通向中庭的引道。右手是小瀑布

高槻市的出灰郡·小溪之乡

服部绿地鲜花和绿荫休憩室中的壁泉

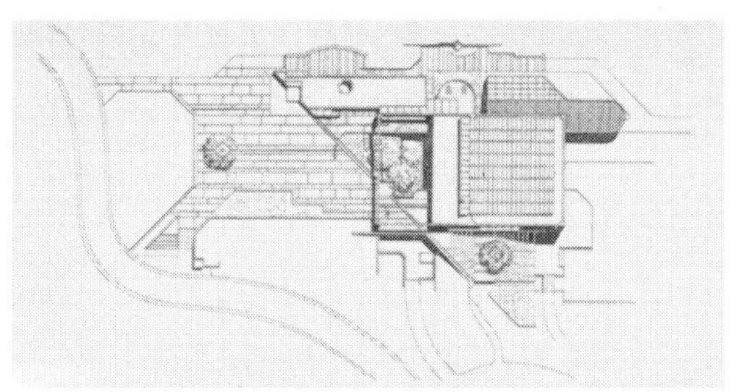

配置图

大阪服部绿地的规模不大，但却有两个水循环系统，并有瀑布、溪流、小阶梯瀑布和跌水等至少七种不同的水景，这些都被布置在建筑内部。贴有条纹瓷砖的墙面上也有汩汩的流水，成为壁泉。由以上这些景观构成的总体布局，在建造上所花的费用并不高。

壁泉的水变成溪流穿过广场

温室内的瀑布

溪流的水又成为小阶梯瀑布

水户市植物公园阶梯瀑布平台的跌水

水户市植物公园原来是一处平坦的湿地。在这里辟出一条与车道立体交叉的引道，并布置了跌水和阶梯瀑布，下泻的水流可直至原有水面。落水口为向里凹进的半圆形，人可以从瀑布水帘后面通过。被称为阶梯瀑布平台的地方，是由水流、花坛和阶梯一体构成的。

与地块相连的沼泽早已荒芜，并露出了底部，是水户市那样的水景使它又恢复了生机。沿着阶梯瀑布平台下去，透过水面可望见钢筋混凝土结构的大温室，引道则以沿水池迂回的形式通向那里。

人可从跌水后通行

透过水帘看到的庭园景观在摇动

跌水(正面)和阶梯瀑布(左侧)

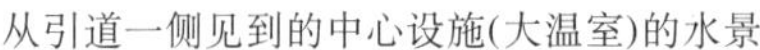

从引道一侧见到的中心设施(大温室)的水景

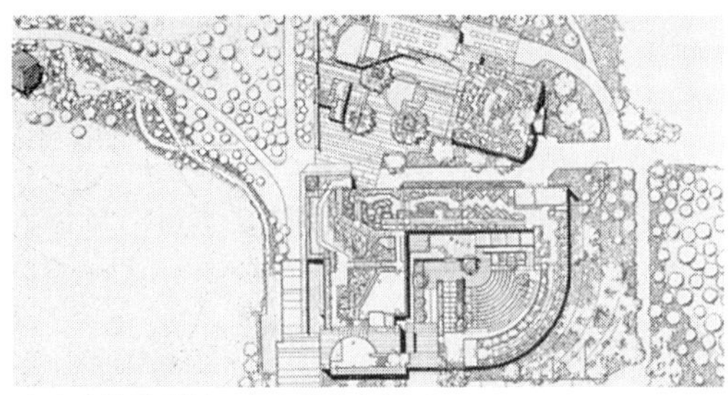

水户市植物公园。中心部分配置图

从水户市大温室的中庭(第 84 页)开始，沿建筑物外墙也配置了小阶梯瀑布、溪流和水池，优美的景观淡化了钢筋混凝土建筑留给游人的生硬呆板的印象。

在后来增建的果树温室前广场上(第 113 页)也有一个被分割的圆形水池和小阶梯瀑布。

配置在中庭的水池和溪流

〈同左〉接续的溪流

果树温室前广场的人工池

利用绿地边低地修建的水池

相当于主园的绿地一带基本上也是平坦的。但在稍高的地方铺了约4m厚的土，使得地势有些起伏，中心设有亭子和水池，两个系统的水在园内向两个方向流去。一条流向大温室侧面，水流较急；另一条流向园端由人工挖掘的水池(因是湿地，不用采取防水措施)，再由水池缓缓流入另一端的湿生园。在被称做湿生花园的地方，最初便对其进行了湿地整理，设置了瞭望休憩室，并有八座小桥通向那里。

水边的植物在开花时倒映在镜面一般的池水中，显得十分美丽。

越过水池望湿生花园(左侧向里)

福冈市警固公园的水帘和水池俯视照片

福冈市警固公园是一座重建的公园，建在市中心的一座地下停车场上，原有的公园已经荒废，重新在停车场上摊铺了约1.5m厚的土层，并筑成平缓的起伏和台阶，最低的地方直达水面，池水很浅。

在距停车场不远的地方，建了一个被称做假山的高台，其内部设置的空间为休息室，高台上有壁泉落下。在旁边新建大厦的正面，一个长约50m的V字形水槽架在空中，水从高台上方的平台上落下，这里被命名为“水帘”。大厦的中央大厅对市民开放，它的大门正好对着这里，成为穿越水帘的出入口。

通过水帘

假山、休息室、平台和瀑布

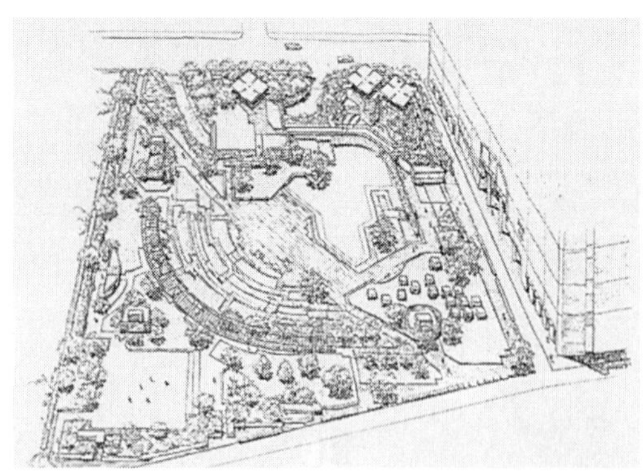
鸟瞰图

V字形落水槽和水门及水池

与水面相接的台阶表面铺设了天然石块和人工打磨的石材，地面铺石一直延伸到花坛和草坪，成圆弧图案。在高处建有一座钢制蔓亭。

原本是一座流浪者聚集的平淡无奇的公园，现在却变成一个明亮的立体空间，各种文化娱乐活动经常在这里举行，成了市中心名副其实的绿州。

夜晚柔和的灯光

钢制扶手上也有水流过

壁泉(瀑布)。以电车轨道条石砌成，让凿削面外露

“EXPO ’90, 工会 · 广场 · 花园” 展览。从道路上看有流水的舞台

“EXPO ’90, 工会 · 广场 · 花园” 是一次由工会组织的展览。完全靠工人(大阪工会60万人，全国工会800万人)自己捐资、由工会组织到国际博览会上参展，这在世界上还是首次。

露天舞台上加了一个玻璃屋顶，舞台背后在相当于布景的地方也架设了玻璃，有水从玻璃上流下。展览期间，在这里举行了好多次颇具海外风情的演出。在没有活动时，这里作为恬适的休息场所，吸引了许多人前来。

展会结束后，这里被以托管方式移交给大阪市公园，遗憾的是由于切断了电源和水池，水再也不流了。

台阶和舞台

从低处看到的舞台全景

夜晚演出的情景

“EXPO ’90，国际展览会 · 光馆” 主引道

“EXPO ’90, 国际展览会·光馆”长约150m，从中央大门进入左拐，沿通道两侧布置，是一处每周更换内容的短期展示用的辅助设施。主引道设计时以后面的大花坛为借景，溪水紧贴着引道穿行，以百叶式玻璃构成屏蔽，让水从下面流过。水流变得越来越细，最后从入口外渗出。从夏日景观的需要考虑，沿着道路从地块的一端到另一端布置了细细的流水(这一景观在展会后也遭到破坏，已无法修复，连拍照都未来得及。我们的劳动成果只存活了230天)。

钢化玻璃格栅(搭在引道的水流上)

沿道路配置的长约200m的溪水

主引道尽头的瀑布墙

在大多数例子中，都把阶梯的处理作为庭园设计的重点。香迪城堡(巴黎郊外)

8) 地面·阶梯·斜坡

地面

明治维新以后，尤其二次大战以后，欧美的生活方式逐渐渗入我们的日常生活，并影响到各个角落，日本人的生活方式几乎完全西洋化了。与其将这叫做西洋化，或许更应该称为现代化。人们正过着与发达国家的人们一样的生活。不言而喻，电气也得到了前所未有的发展。

在这其中，惟有一件事没有在日本扎下根，那就是进屋不脱鞋。我想，现在还没有像在旅馆那样穿鞋呆在家里的人。

公共空间都在“西洋化”，只有住宅的地面将内外完全区分开了。

在神社和寺庙里，一直到中心处，要经过牌坊和几道门，都是要脱鞋上去的。欧洲的教堂，其建筑紧邻街道或广场，推开门便可直接入内。坚固的大门固然算是区划的屏障，但脚下的地面内外是连着的。其中某些地面铺设着彩色的大理石，延展至各个角落。

古罗马时代便开始铺装地面(卡拉卡拉浴场遗址)

以小石块铺装的地面。依·塔蒂庄园

各种颜色大理石铺成的图案。梵蒂冈宫殿内地面

大理石图案的内部地面。米兰的大教堂

如前所述，城市是从田园划分出去的一种内部空间，道路和广场说起来近似于建筑物的走廊和大厅，是应该好好地铺装起来的。

日本城市的外部空间，看上去就是乡村道路的延续，全是土路。住宅、宫殿和寺院等处的大门和围墙内都经过精心布置，并对地面进行铺装，但只要向外跨出一步便是道路，道路上都是尘土(直至进入汽车社会之前)。

从历史上看，日本未经历过马车时代，因此也没有车道和步道的概念。

如果看了西部片你就会知道，在一条大街的两边矗立着10来栋房子，大街中央是马和马车通行的道路，两侧用木板铺着的是人行步道。欧美现代城市的街道便是在这样的背景下发展起来的，日本则完全没有这样的历史过程，因此也就没了铺装外部地面的意识。

在日本，除了商业街，步行道几乎清一色地摊铺沥青，与车行道的划分也是马马虎虎，只是在马路上画出白杠杠，中间还立着根电柱，让行人弄不清该从哪里走过去。

连公园的园路也几乎全是混凝土缘石加沥青路面。有的地方设计者出于好心选用了彩色沥青，但效果反而不好；也有的地方铺着混凝土块，看上去却像是爬虫类的鳞片。

米兰的拱廊商业街地面

脚下的图案设计似乎在提醒人们加倍小心，千万别绊倒了(大池寺)

庭园的踏石是日本式道路铺装的代表作(南禅寺 · 金地院)

石砌阶梯。虽陡但很美(胜屋寺 · 箕面市)

在寺庙中有各种铺装的道路和地面，庭园内的踏石在日本各地尤其盛行，但很难说这是日本民族智慧的集中体现。

我希望将来的情况会一点一点好起来。

阶梯

从历史上看，日本的建筑是以一层为主。京都御所、二条城、桂修学院的两离宫等，天子和将军的公有或私有空间都是一层建筑，即使上面还有房间也只不过是房间内的地面稍高一些。

因为不必蜗居在城寨中，房屋的布置都尽可能地横向拓展，这样一来也就用不着阶梯。即使有了阶梯也是陡得像梯子似的。现在的人很难理解，当时的人们穿着甲胄、裙裤或多层的夹衣，是怎样在那陡峭的城墙阶梯爬上爬下的！

也许是本人孤陋寡闻，至今我还不知道，日本哪里的阶梯能与欧洲宫殿中极尽奢华的阶梯相媲美。水户偕乐园的好文亭是一座少见的三层建筑，阶梯陡得可以碰着前胸，安装了吊篮式升降机供人们上下。

变化的阶梯。这里因此成为观光名胜。西班牙阶梯(罗马)

与建筑成一体的坡路和阶梯(爱丁堡)

这是可称为艺术品的阶梯实例。帕拉克尼亚庄园(巴勒莫)

把相当于扶手的地方建成一堵墙(罗马)

坐在吊篮里如同影片《随风而去》中一样，沿着共享空间“唰”地降下去。在日本似乎是没有建造缓坡阶梯的传统(不知为什么，人们总也想不到设计阶梯来装点空间)。

室外也同样，寺院等处的阶梯基本上成一直线陡急地上去。当然也有一些地方搞得不错，分别设了陡坡和缓坡，缓坡处铺设了坡度徐缓的道路，但并没有对阶梯本身的设计下太大工夫。

给人总的印象是，在日本，人们压根不去想让登高舒服些。如琴平山那样，要跨上几百个台阶才到达山顶，会得到什么好处，显然这不是目的。只是为了能对别人说，我已经登上一百次了。把顺着阶梯反复上上下下作为一种修炼方式，以满足内心的某种愿望，惟其登阶梯如此艰难，才更要知难而进，并试图从中找到乐趣。

古代的阶梯多为石材砌成，看上去很漂亮。

为什么现在建造的室外阶梯会缺少一种人性化的美感呢?

阶梯和坡道的动态组合。圣 · 弗朗西斯科教堂前(阿西西)

坡道与阶梯的组合(宝塚市)

坡道与阶梯的组合(爱丁堡·苏格兰)

人类是惟一不在完全的水平面上便不能生存下去的动物。由于地球的表面不是平的，因此便人为地制造出水平面，并采取某种方式将相互之间的水平差连接起来。连接方法有从水平到垂直的各种手段。因为是“水平指向”所以水平差越小，坡度越徐缓，行动起来越便捷。

坡道

至今仍搞不清楚“坡道”与“slope”之间的区别。

英语中的slope似乎指的是坡和斜面，在造园用语中则是指法面(法面绿化=slope planting，法面保护=slope erosion control)，道路中的倾斜路段为ramp(在互通式立体交叉中等)。

勒·科尔赛金的沙鲍伊宅邸(第86页)中的“坡度徐缓的路段”，原文为“Gently Sloping Ramp”(见GA no.13)。

通常情况下，一些倾斜的坡道被习惯地称为“残障人专用道”。坡道的处理如同阶梯一样也是很有讲究的。

在大街小巷，随处可以见到胡乱取消步行道的现象，这是一个危险的苗头。而且，不管残障者方便与否，到处都安上了不锈钢的栏杆。

这条漂亮的坡道既是阶梯又是斜坡路(杵筑市)

阶梯和坡道的组合。加茂新城住宅区会所

罗伯逊广场的阶梯和坡道

〈同左〉踢脚上安装着脚灯

轮椅专用坡道的坡度规定在1/12以下，但由于在做场地规划时处理起来有困难，大多会绕过这个问题。只要能巧妙地将坡道布置在场地规划中，便会得到一个富于变化的空间，如同我们在沙鲍依宅邸中见到的那样。

上面左图中的罗伯逊广场将阶梯和坡道组合在一起，成为优秀的范例。每当午休时，阶梯会代替长椅，上面坐满了人，这里变得很热闹。一部分台阶还装了脚灯，应该说设计上想得很周到。

爱知县绿化中心的主馆的引道也是一条从主园伸出的徐缓的坡道。设计了两个不同高度的入口，坡道通向低处的入口，沿着与花坛组合在一起的徐缓的阶梯(台阶高150mm，宽900mm)上去可到达高处的入口。这里与里面的阶梯瀑布广场上部的水平相同，与低的地方相差1.8m，以各种不同方式将内外都连接在一起。下面右图的广场空间以阶梯配置作为设计的重点。

福冈温室的入口处高出引道水平1.8m。因是在平坦园路的尽头，只是提高了一点点，再从那里向下便进入温室内。坡道设有折返点，下面是半地下的温室。这里的阶梯同时兼为花坛，也是经常被用来拍纪念照的台阶。

爱知县绿化中心主馆的引道。徐缓的坡道

〈同左〉与花坛融为一体的主阶梯

福冈市植物园温室的坡道(左图)以及与花坛成一体的阶梯(右图)

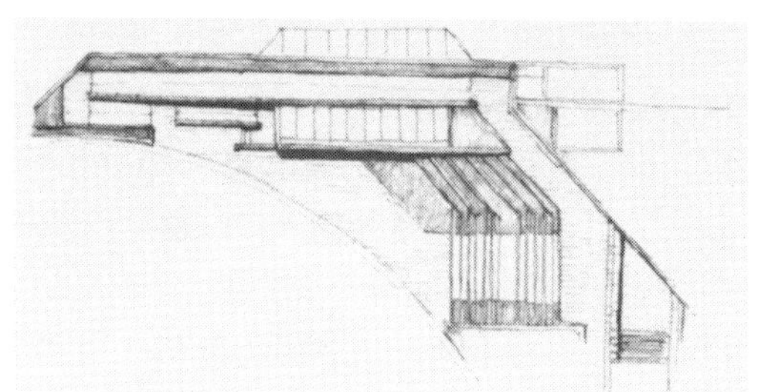
福冈市植物园温室平面图

石川县林业实验场展馆所在的位置恰好在一道斜坡的顶端，展馆引道水平稍低一些。由于这里是山崖边，建筑物便布置在入口广场的下方。二层的展示空间被朝山谷突出的坡道连接着。这是一条眺望景观用的坡道，呆在这里可以将杉木林和山谷中的大片绿色尽收眼底。坡道上面架有顶棚，与坡道表面铺装一样，都是采用石川县产的板材(垫板)，栏杆则是选用集成材(樱木)。

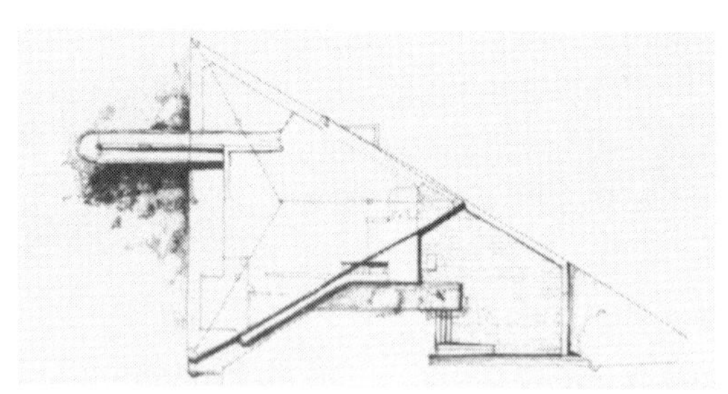
石川县林业实验场展馆平面图

朝山谷突出的坡道

〈同左〉坡道内部(石川县林业试验场展览馆)

服部绿地鲜花和绿荫休憩室坡道外观

〈同左〉坡道内部。同时兼做温室使用

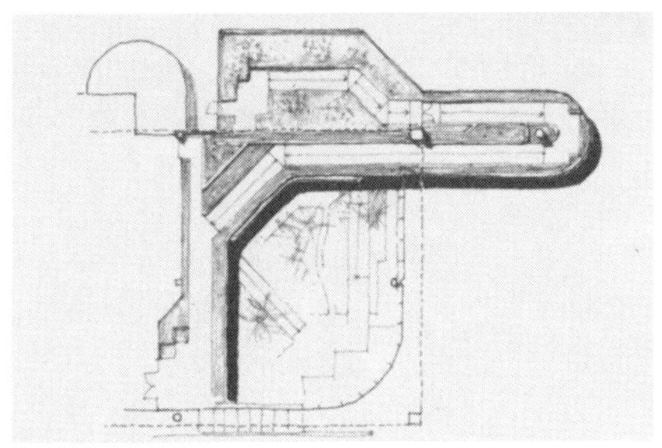
服部绿地平面图

服部绿地鲜花和绿荫休憩室的坡道也被当做温室使用，屋顶采用棱镜玻璃。通道两侧均被绿化，并排列着供暖管路。

在建筑物侧面设有花坛、阶梯和跌水瀑布，采用建筑和造园一体化的设计理念，将不同的水平高度垂直连接起来。

花卉博览会的“工会·广场·花园”部分的眺望休息所(望楼)高出路面约7m，因此布置一条坡度为1/12的引道，其中坡道部分长约84m。因为是由工会组织的展览，所以在布展和通道设计上都充分考虑到能让体弱者登上高处。

舞场和平坦地段成为登顶的过渡，相应的延长距离为120m左右。

通过与阶梯的组合，处处都形成了迷宫式的空间。

〈同上〉花坛阶梯

〈同左〉中央有小阶梯瀑布

“EXPO ’90，工会 · 广场 · 花园”眺望休憩所。经坡道可到达上面

展会期间，我曾陪高龄的恩师前来，与朋友换班推着轮椅，上上下下没有感到很困难。一路上风景不断变幻，最后看到了展会的全貌，不禁令人大喜过望。这次展出的确是出尽了风头。

另外，这里还在露天剧场的阶梯地面上布置了花坛。在没有演出活动时，作为布满鲜花的休憩空间也颇受到人们的欢迎，大家边吃着盒饭边在这里聚谈，常常人满为患。

这次庭园博览会既未设长椅，又无乘凉之处，很多人只好坐在道路边上。

〈同上〉没有花坛的阶梯看台

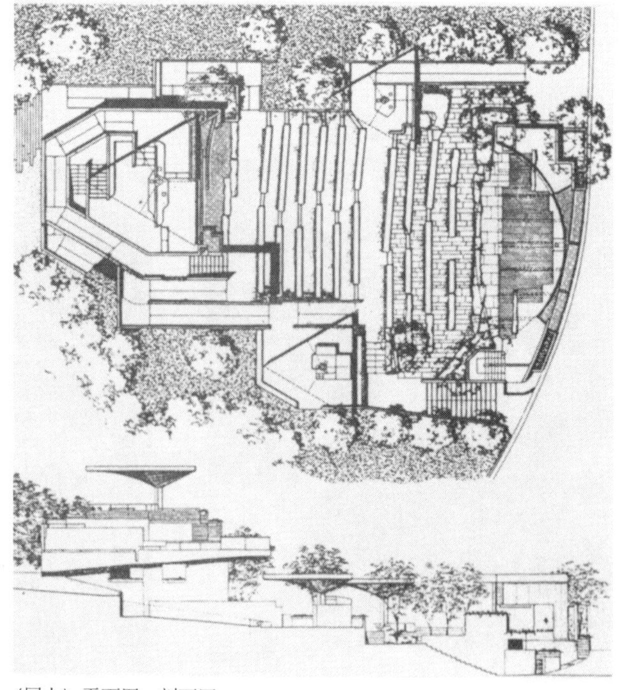
〈同上〉平面图 · 剖面图

7 绿化规划

7. 绿化规划

如前所述，作为解决矛盾的规划，可以有无数个构想存在。但实际情况是，当你从中选出一个来，还不能肯定它是否具有确切的形态，甚至连它的规格和构成要素等都不明确。

最好不要把方案构想和规划设计分开来考虑，设计过程，如同是在你凝炼了某种构想后，面前突然打开一扇大门一样，关于细部的一些设计会从门内涌出，并任由你来选择。这个过程像是头脑中的芯片在工作。硬要划分的话，构想即相当于概念，将概念拼成现实的事物便是设计。

构想再妙，如果构成不好也设计不出好作品。

假如把鸡腿式桩基和共享空间作为建筑结构形式，周边再布置广场和绿地，这样一个构想的框架可算是理念，但如果不能将它们的比例、配置的均衡、材质和色彩等设计上的要素加上去，也建造不出令人满意的空间来。

同一项目的设计方案可以有无数个，但人所掌握的知识和技能却是有限的。只有将世界上无数设计师的智慧凝聚在一起，才会使设计能力的总和变得无限大。正如女人的游泳衣说起来功能极其简单，但在设计上却能让它变化出无数种花色和款式。

单单一件游泳衣便是如此，假如是城市空间、建筑和绿地这样的三维复合体，在设计上的变化不是更会无穷无尽了么。

这其中的构成原理复杂而又岐见甚多，不是简单用几句话就能解释清楚的。

本来，像愉悦、美丽和快慰等人的心理感受都是本能的、直观的和全身心的反应，既难以用语言描述，也无法用道理来说明。

然而，一个人如果掌握些理论上的知识则会使头脑变得更加聪明和清醒。

人在环顾四周时，对看到的景观不满意，会觉得心情不好。在一定的意义上也说明，他此时感到了一种不和谐的状况：参差不齐、乱七八糟、七零八落……等等。

反之，在旅途中无意识地拿起照相机对着某个方向，突然发现取景框中的景致是如此美丽、如此有趣，觉得一切都是那么的和谐，令人惊喜万分。可是，当你发现在本来觉得很美的景色中立着一块大广告牌时，一定会产生排斥感，心中立时产生不快，就像吃饭时吃到沙子一样。

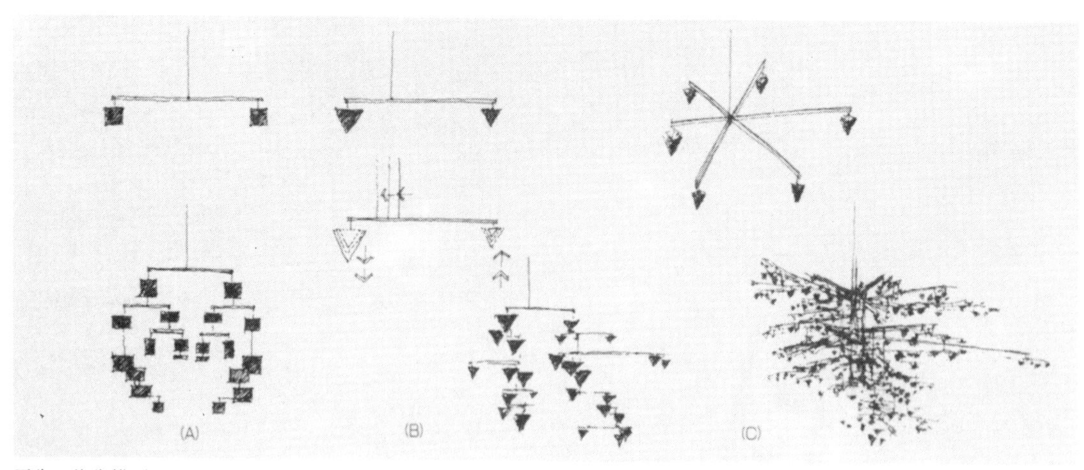

平衡 · 均衡模型图

爱知县绿化中心日本庭园的亭子。立面图

和谐与不和谐是相当抽象的概念，非要作解释的话，大体如下所述。

如果以模型方式去观察事物的平衡状态，会让人联想到天平。在棒的两端处垂下一个重物，当重物平均时，二者便处于平衡状态(当平均被破坏，便会产生倾斜，成为不平衡状态)。当支点位于中央，两端的重物相等(如左页图A)为一种状态；另一种状态是，支点位置不在中央，两端重物大小也不等(比重相同)，但亦能保持均衡(图中B)。A的状态，各要素不能移动和改变，成为一种所谓的静态平衡。B的形式，当改变支点时，左右重物的大小也必须随之改变，左右重物与支点三者之间相互存在某种关系，如果将获得平衡时的支点刻度变得越来越小，其平衡的状态也近乎是无限的。因此，可以把它称做动态平衡。

当将A的左右重物增加相等的重量时，左右重物(即通常所说的对称)仍处于平衡状态。

B的形式必须按照B的原理来调整两端的重量，才会保持这种相当复杂的平衡结构。

当将横棒改成许多根像树枝一样组合在一起时，便会产生复合的平衡状态(图中C)。由于支点没有固定，因此不停地调整支点位置，A便成为图中的形态，B则成为一个巨大的复合多变模型。

像这种现象，与其叫做平衡，不如称为均衡(equilibrium)状态更合适。

可以认为，城市和建筑是一个如模型那样在局部保持平衡的同时，整体也处于均衡状态的有机体。

不过，在城市中的某个局部往往会出现失衡现象，需要重新找回平衡，加以调节和修补。这个局部的构成要素，可以看做是建筑、道路或公园等等。

可以这样认识，即使规模较小的单体建筑和庭院，甚至小到一个房间也是建立在同样的原理上。

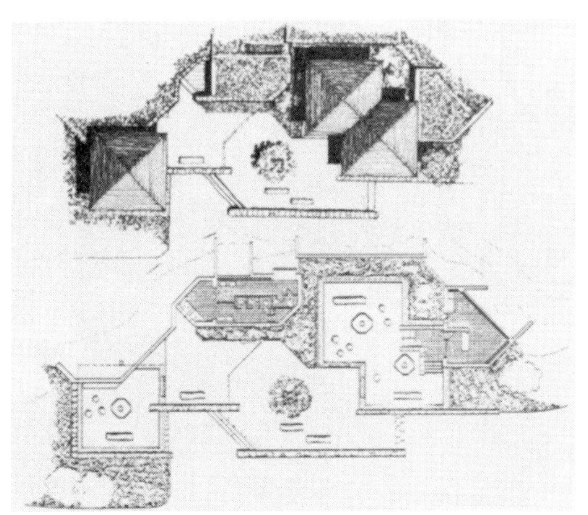

〈同上〉屋顶俯视图 · 平面图

〈同上〉亭子。亭顶系由杉树皮铺成，成边长为7.68m的正方形

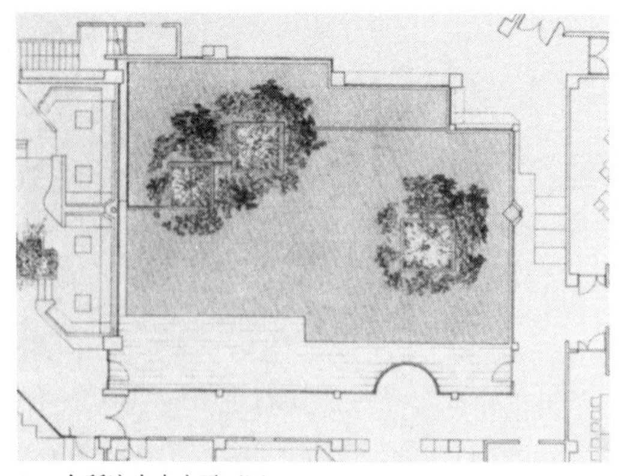

I&I 会所流水中庭平面图

爱知县绿化中心 · 苗木广场

这个模型表示出功能与内容的相互关系，虽然有些抽象，却可以让我们联想到设计上的均衡原理。即局部能以某种关系保持和谐，那么当将这些局部组合在一起时，整体也将处于和谐状态。

1）美学三角形

让我们来看看具体的形状吧。伊藤定二先生在《日本设计论》(鹿岛出版会版）一书中，将插花和岩石组的设计手法中的“天、地、人”称为“美学三角形”(esthetic triangle)。

他在书中说：“天、地、人的原理便是一种以各不相同的要素取得三维动态平衡的手法。”

在这方面还有偶数和谐与奇数和谐的说法。用上面的模型解释的话，A 则属于偶数和谐范畴，而 B 则属于奇数和谐范畴。

插花的真行草，书法的楷书、行书和草书，能乐中的序、破、急，以及狂言中的主角、配角和龙套，其他如日本三景，什么什么三大名胜……，大多都没离开“3”这个数字。

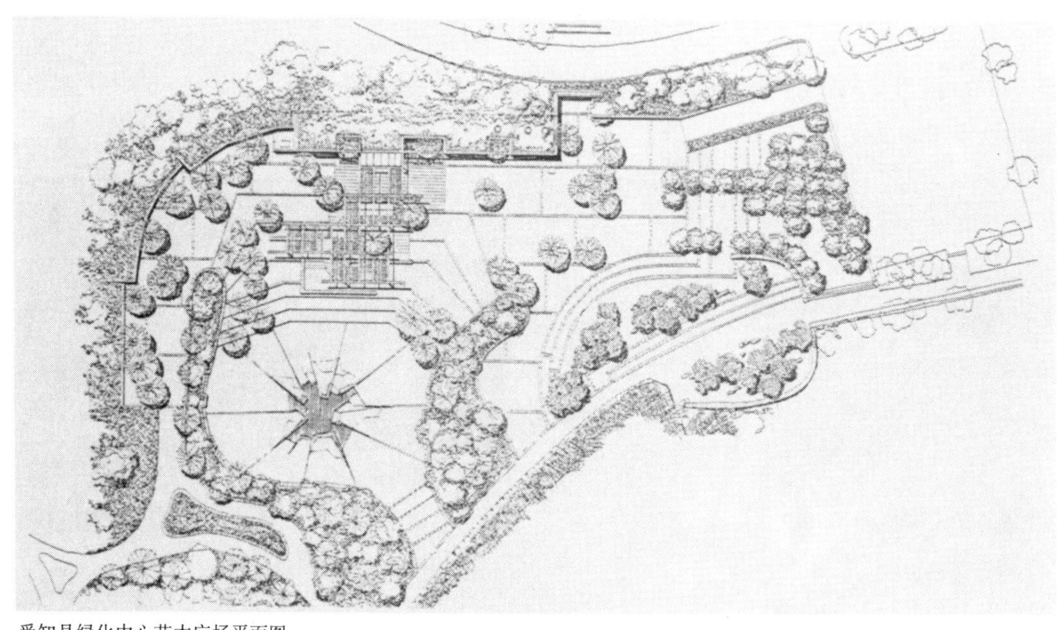

爱知县绿化中心苗木广场平面图

“EXPO ’90，工会·广场·花园”展最初的模型

普洛蒙特里公寓。密斯·凡德罗设计(芝加哥)

在第159页爱知县绿化中心内亭子的例子中，将同为伞形屋顶的亭子组合在一起，3座亭子的布置就比1座亭子要显得生动和有趣。

第113页上面右图为水户市植物公园的绿荫广场，广场上植有3棵高度不同的百合树。第160页下图是爱知县苗木广场，这里的绿化图案是人们意识不到的。仔细观察后才发现，都是以3、5、7的奇数原理分布的，而且轴线相互错开。右边的偶数整形图案部分具有某种韵律感，使其与周围环境取得动态的平衡。在以蔓亭为中心的景观构成中，也同样栽有三棵榉树(第160页上面右图)。

第106页上图及照片是福冈市温室的正面，这也是一种以数字3为基础的构成，墙壁如同大写的“一”，其两翼向前探出，甚至可以说是数字5的构成。主树在入口前有2棵，中庭有1棵，总计是3棵。

第26页下图的石川县林业展览馆，其建筑平面为一个正三角形。这是为了与山脚线形状相吻合。但是因为与方形要素组合在一起，几乎没有来访者能注意到其平面是三角形的(即使是专家，在看到图纸时也会惊奇地说：“呵，原来是这样！”)。

湖畔出租公寓。密斯·凡德罗设计(芝加哥)

高槻市森林观光中心·管理处

花木町新住宅区(京都市)

由于是斜坡地，3个面都具有完全不同的外观，3个角落都是锐角，与周围的树林联系得很紧密。

第161页上面左图中的“鲜花和绿化博览会的工会·广场·花园展”早期方案也是以60°的网格为基本平面，在这里布置了3个三角形的亭子分别放在不同的水平高度上。

这也可以算做是浅显易知的美学三角形的例子吧。

话题突然从“3”开始，其实在此之前也有“2”或“双”的构成。

密斯·凡德罗设计的湖畔公寓和普洛蒙特里设计的住宅，以及山崎实设计的世界贸易中心等等，都是“双”的例子。

“双”(twin)是“双胞胎”和“双人床”的“双”，也有成对的意思。但是完全相同的两座建筑矗立在一起，我不喜欢，密斯的湖畔公寓却除外。

第161页下面右图为高槻市观光中心管理处，也是双的结构，只是外形大小和朝向有些变化，又加上一些水平要素，才使“2”的构成不至显得那么生硬。

神户市的温室和蔓亭，同样是两个相似结构的建筑并列在一起，或许不能称其为“双”，而是叫做一对(pair)更为合适。

上贺茂神社的沙堆

阴阳界

石川县农业综合实验场·交流中心(金泽市)

第111页上图水户市植物园的例子，是将一个形态分成两个再重新组合起来的，很难说是“双”还是“对”，但基本要素是“2”。

第162页上图的花木町新住宅区也属于“对”或“双”的构成。

以上都是建筑的例子。如果说到树木的配置，京都御所的“右橘左樱”应算是成“双”的代表作。

除了树木以外，阴阳界在两块光秃秃的岩石之间连上一根稻草绳，以这样的方式营造出鬼神的境界；京都上贺茂神社大殿前的圆锥形沙堆造型十分完美，也是一对。它们恰当的比例和空间位置，让这里的环境变得说不出的神秘。

神社大门前的石狮子，如同哼哈二将，成为“双”的起源，商店开张时门前立门松或以鲜花装饰以示喜庆之意，而芥草却成为葬礼上寄托哀思的丧品……，基本上也是要成“对”的。

如果再追溯下去的话，建筑与绿化，即有建筑物就有树这种形态本身，从一开始便具有成对、对比和组合等两个要素的关系。

因此可以说，2或3是建筑和绿化方面的构成原理。当将建筑与绿化看成一个整体时，二者之间犬牙交错，形成一种复合关系。类似这样的问题是很难用语言来解释的，可以说只要二者之间产生某种良性关系，便会展现出名建筑和名园的那种无法言喻的美感。

在2(双、对、组)之前当然还有1。

富士山大概是其中的代表吧，一座孤零零的漏斗式的山扣在平地上。仅凭单体便成为景观名胜的例子多的是，如埃菲尔铁塔等许多塔类建筑，还有方尖碑和图腾柱，传说中的“崖上一棵杉”都是如此。树木的年轮在达到一定程度时，因其年代久远而价值也陡增，并受到人们的重视，拴上一根稻草绳便成了神树。

欧洲等地平坦的草地上有时仅立着1棵大树，却成了绝佳的风景。

像这样“单”、“孤”、“独”等仅以1作为要素的配置要列举起来一定还有很多(许多未排列在一起的建筑均属此类)。

2) 设计图案

要说明设计图案的原理是很困难的。

手头有一本名为《现代城市设计》(城市设计研究体著，彰国社编)的书，在这方面对我帮助很大。这是一部对城市构成原理做深入浅出的分类和解说的力作。书中阐述的原理基本适用于建筑和绿化的图案设计。

水池中踏石(平安神宫)

在此，对该书作者(伊藤定二、矶崎新和曾根幸一等 10 余位)和研究体中的各位先生谨表谢忱，并请允许我在引用该书内容证明拙著论点的同时，做些必要的补充和订正。原书中的一些图例出于本书主题的需要也有部分修改。

泼洒 scattered plan

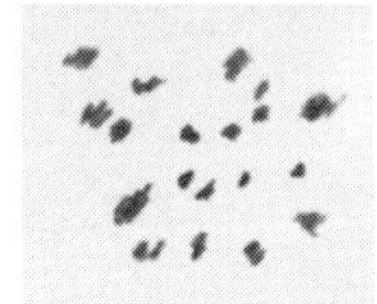

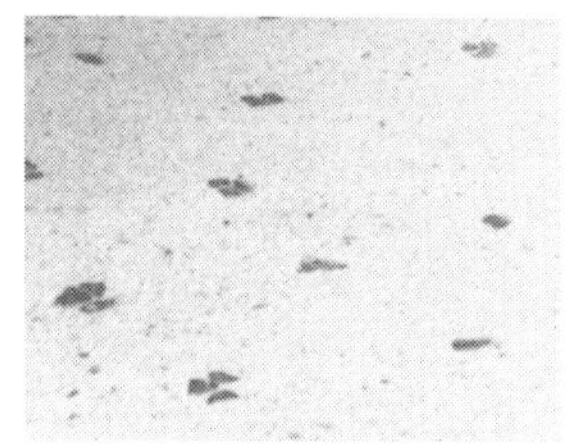
一二三石(修学院离宫)

水户市植物公园中以岩石和树木构成的坐凳

这是一种像“一二三石”和“斑点”那样的设计图案，是一种泼洒成的散落状态。从稀落的山村到衣服的花点，应用范围很广。还有食物中的配菜、什锦寿司和散寿司等，呈现了一种无序状态，并从无序中表现出设计所需的创意和美感。

分割成方格 grid plan (gridiron pattern)

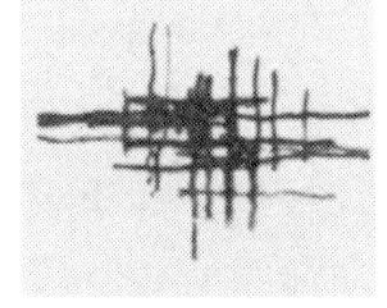

帕雷·罗瓦尔的中庭，达尼埃尔·比兰设计。“棋盘上的雕塑”

由方格组成的人字图案(戴维拉住宅区·赫尔辛基)

从平城京、平安京和曼哈顿到方格图案、集成电路和计划表，当把这些都看做棋盘的话，人间万物就好理解多了。纸、桌子、帆布、明信片、书、报纸、电脑、电视机……，人类是惟一在矩形空间里使用矩形物体生存的动物。

闪电图案 thunder plan

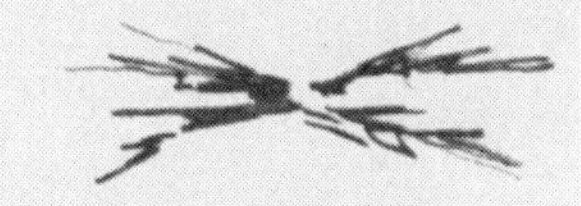

爱知县绿化中心·苗木广场。罗伯特·K，村濑设计

将方格破碎，会形成像闪电一样的不规则图案。在将直线变成锯齿形的同时，让其随机展开。

组成“五”字图形 五 pattern plan

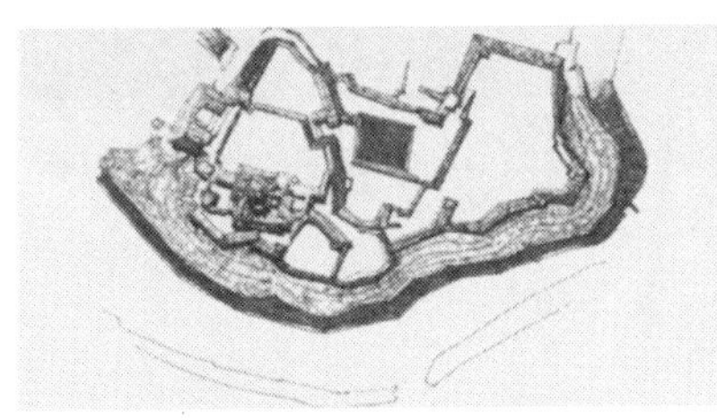

姬路城的平面图案

是城寨和城下町结构的典型图案，出现端头、交错、钩形和口袋路等方格图案中没有的变化。

城的空间构成(松山城)

制造焦点 focal plan

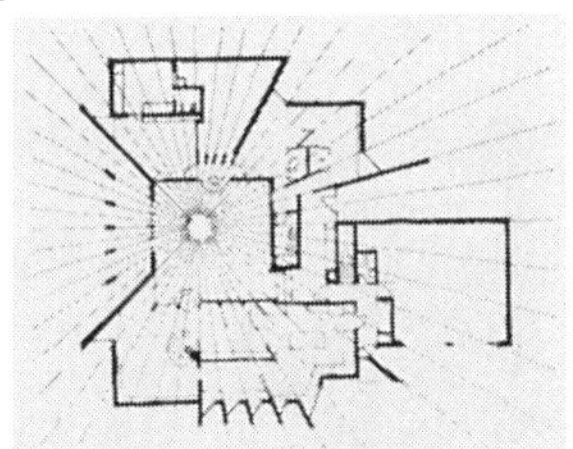

住宅平面图，G·巴卡斯设计(引自GAARCHITECT-2)

奥特内姆工科大学，A·阿尔特设计

当空间结构形成中心点时，焦点便产生了，把握起来也变得容易了。只是有人对平面是否有焦点还持怀疑态度。为了让人感到焦点的存在，有设置的必要。

连接焦点 multi-focal plan

华盛顿特区中心部分

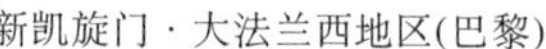

新凯旋门 · 大法兰西地区(巴黎)

美国首都华盛顿特区有国会大厦、纪念塔、纪念堂和白宫等建筑，它们虽然并不集中在一起，但彼此却紧密相连。巴黎的市中心也同样，从卢浮宫到凯旋门，几个焦点串连在一起，近年来又在前面加上拉 · 德方斯和大法兰西等地区。

带状布局 Liniar plan

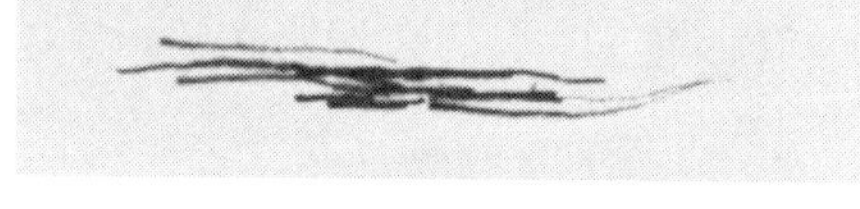

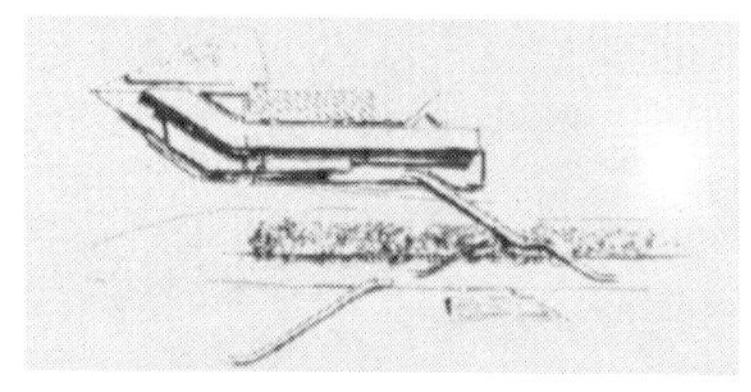

美术馆规划方案，A · 雅格布森设计

EXPO '90，国际展览会 · 光馆(模型)

不把要素集中在一处，而是尽量拉伸，形成带状。绿化带顾名思义说的是一条绿化的带状地区，但是如果不是因为布局拉得很长，并在这条带状地区进行了总体设计，便只能算是一块绿地，一块没有经过规划的细长的绿地。

簇状房舍 cluster plan

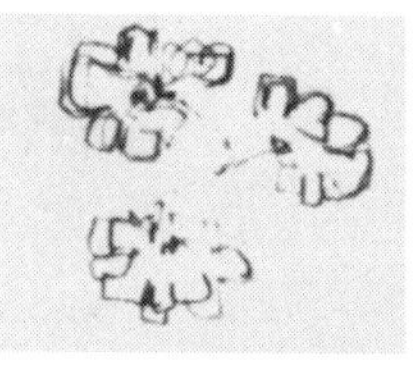

I&I 会所的小屋

球包状的花(六角金盘)

[cluster:花或果实的球状房]

作为挤出的空间，有的像葡萄那样，果粒不断长大，外面的球状房也不断膨胀。有的如一个方框从上面压下来，被称做堆积型，也可以叫做家庭型或共同体型。

单元连接 unit plan

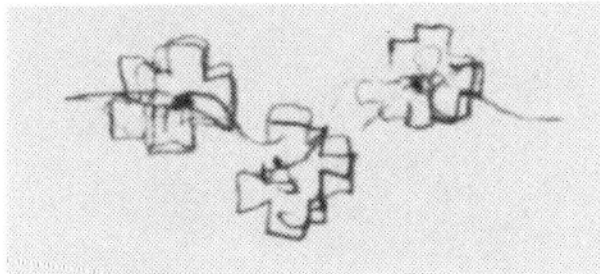

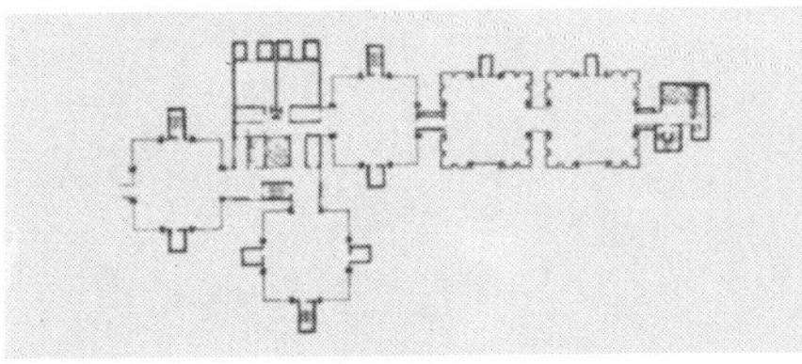

理查兹医学研究所，L·I·卡恩设计(费城)

路易·I·卡恩把一座按惯例应成为整体的建筑分割出一部分，然后重新进行结构布置，这一做法给世界各地的建筑师们以很大影响。将事物回归到原始的要素和单元中来重新认识，而且探索它们应该怎样组合，从而产生一个新的空间，这是完全正确的方法。

制造旋涡 spiral plan

古根海姆美术馆(纽约)

金字塔的原型叠级方金塔本来是螺旋状的建筑物。F·L·赖特的古根海姆美术馆前徐缓的斜坡呈螺旋状延伸，成为一个漩涡状的展示空间。勒·科尔贝杰从扇贝获得灵感，构想出一个可无限发展的美术馆，其中的一部分已在上野建成。

偏心设置 excentric plan

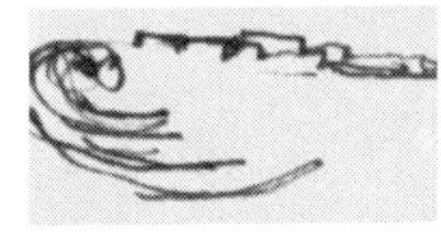

墓地广场(锡耶纳)

圣乔治(San Jose)市市民会馆前院(加利福尼亚·美国)

excentric为奇特古怪之意，在这里是concentric(同心圆)的反义词，如同对称的反义词是asymetric一样。锡耶纳的墓地广场即是一个偏心的平面(如果以塔为中心的话)，地面还具有一定的坡度。

画同心圆 ring plan

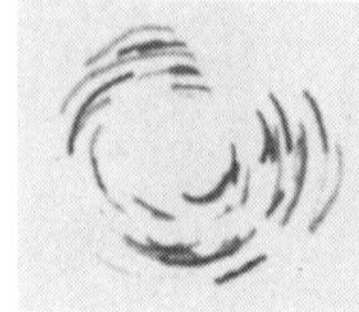

露天剧场遗址(雅典)

赫纳拉丽妃宫新建部分一角

弓箭和掷镖的靶子、轮状列石、圆形剧场和硬币等，同方形一样，也是自古以来就普遍存在的图形。如果能巧妙地运用这一图案，仍然会产生新的创意。

手掌图形 finger plan

通往凡尔赛宫(下方)的引道布置

帕帕罗广场(罗马)

将像手掌张开一样的扇状图案作为要素运用于设计。在A·阿尔特作品的平面设计中，有很多这样美丽的图形。在城市和庭园规划中，从某一点放射出去的透视结构被称为“鸭掌形布局”。罗马的帕帕罗广场和凡尔赛宫的宫前广场都是其中的例子。

高高耸立 urban (green) peaks

EXPO '90 展览会的路标塔

自由女神像(纽约)

塔、纪念碑和界桩等有许多构筑物都高高耸立在空间中。由于这是司空习惯的形式，因而设计起来难度更大。东京塔、京都塔和通天阁等都算不上成功之作，只有矶崎新先生设计的水户美术馆中的塔才称得上美仑美奂。

林立配置 geometical forest

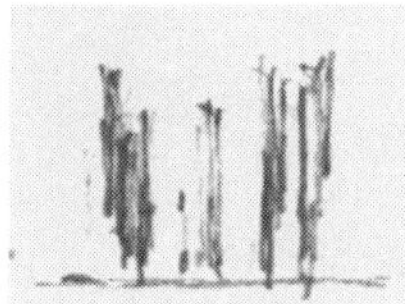

奎尔公园，A·高迪设计(巴塞罗那)

西贝柳斯公园(斯德哥尔摩)

在新宿林立的无轶序的高楼群中，由丹下健三先生设计的东京都新厅舍也以林立手法完成了自己的封山之作。这是一座从周围看来十分抢眼的标志性建筑。第167页上图的L·L·卡恩的作品也是同样的例子，建筑与周围环境十分和谐。

平行配置 parallel elements

水户市温室的中庭

西蒙·费雷泽大学。A·埃黑克森设计(加拿大)

在鸟取市松江的菅田庵中，把青竹和条石2组错开排列，铺成一条漂亮的石径。不将要素分割成方块，而是平行配置，从而形成富于变化和动感的图案。

第209页上图的照片也是同样的例子。

立体组装 elemnents parallel perpendicular

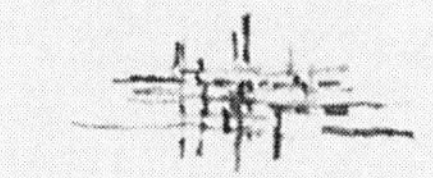

某规划。立体城市中心区方案构想

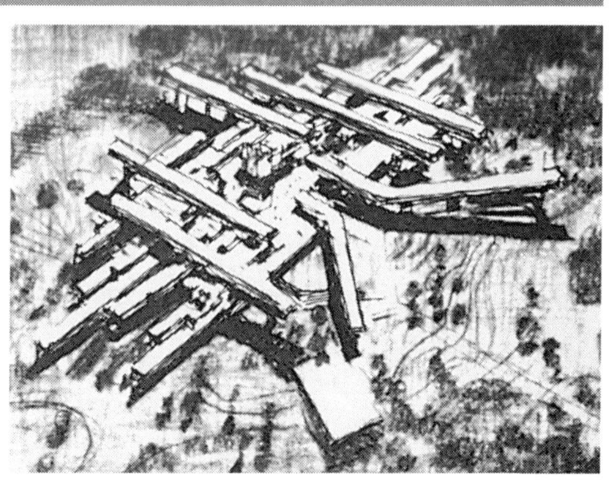

T大学的总体规划。G·巴卡兹设计(引自GA ARCHITECT-2)

将结构要素组装成格子状。从校舍、原木房屋、游乐设施，对建筑和绿地进行平面或立体的组装，将应用范围扩展到城市的每个角落。

保持均衡 contrasting plan

法隆寺立面图

O · 尼玛亚设计(巴西利亚)

法隆寺被认为是一座改变了中国式左右对称寺院布置的日本风格建筑。让要素处于稳定的均衡状态，这一原理也适用于插花艺术。第160页中一些关于美学三角形的事例也是如此。

呈放射状 radiating elements

巴西利亚的教堂(O · 尼玛亚设计)

加利福尼亚大学(UC)巴克雷分校。美术馆

当将要素呈放射状配置时，便会产生方格形式和圆圈形式所没有的活力。

分道扬镳 assymetric shells

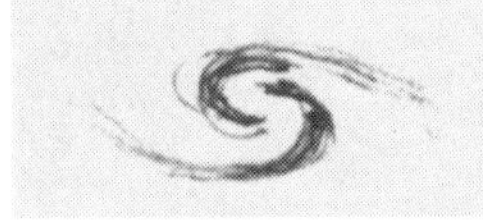

多伦多市政厅
(加拿大)

如同阴阳鱼那样，将要素在分道扬镳的走向中组合起来，在空间中表现出意外性、生动感和动态美。由丹下健三先生设计的代代木体育场有大中两个比赛场，它们便以这样的原理分别展开，是一个近乎完美的例子。

迂回包抄 enclosing a symbal

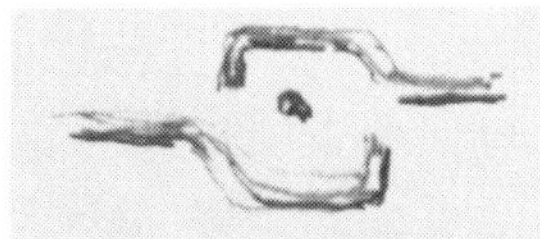

圣·彼得广场(罗马)

范多姆广场(巴黎)

让某件事物处于包抄之中和处于开放的环境里，这两种状态是有很大区别的，处于包抄之中会产生紧张感。欧洲的广场大多采用包抄的形式。在圣马可广场(威尼斯)和墓地广场中(锡耶纳)，其标志物不是设在广场中央，而是位于一端。

中途停滞 creating a recess

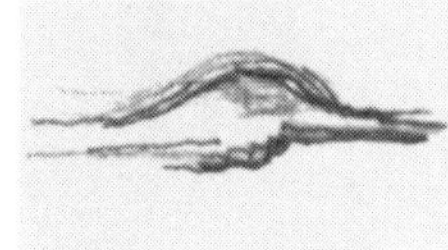

仓敷市，在一个没想到的地方出现了一处小院落

威尼斯，水路中会出现一段段宽阔的水面

如果将空间的扩展比做水的流动的话，还是在适当的地方设一些停滞点才会让人感到放心。从建筑上来说，长长的走廊令人不快，多么希望能在转角处设个凹室之类的休憩点，放上椅子或沙发什么的。如果还能从这里看到优美的景致(不管是室内的还是室外的)就更好了。

团团围住 creating a precinct

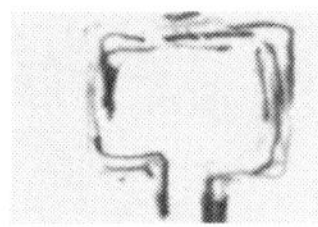

西蒙·费雷泽大学，校园中央部分

美卡托尔广场(卢卡)

[Precinct:指大学校园内、寺庙院内或城市的特定区域]

寺庙的院内是一处被墙壁或森林围起来的被神化的地方。空间被以适当的方式包围起来才能给人以安全感，让人们在这里聚居。中庭、内院、广场和小公园都是同样的道理。

迂回曲折 mazes

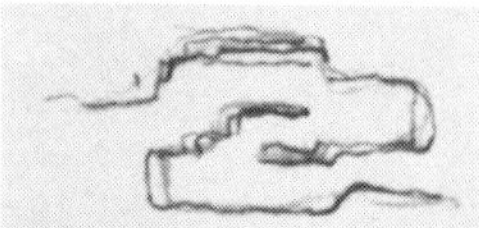

费雷迪里克斯堡(Fredericksborg)(哥本哈根)

依尔·拉贝林特迷宫(巴塞罗那)

rabyrinth也同样是迷宫的意思。当布置成迷宫结构时，人走进去总是期待着接下来会出现什么，成为一个充满期待和刺激的空间。在展览会的附属设施中此类结构颇为常见。

蜂腰布局 creating convoluted space

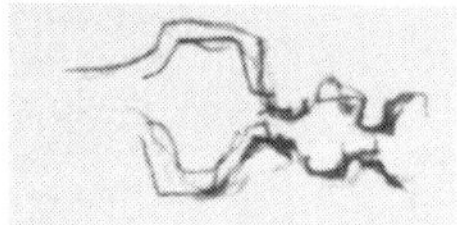

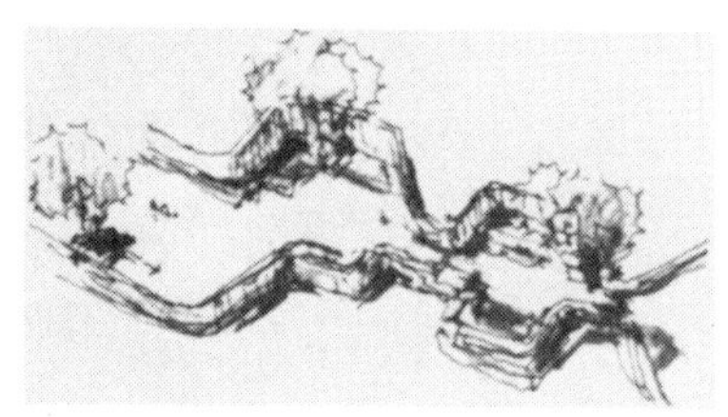

[convolute:卷入，缠绕]

路尽头似的街角(哥本哈根)

将宽敞的地段与狭窄的地段组合起来便会形成富于变化的空间。当空间骤然变窄，怀着不安穿过时，一个新的完全不同的空间会突然出现在眼前。

相互穿插 matual penetrating complexes

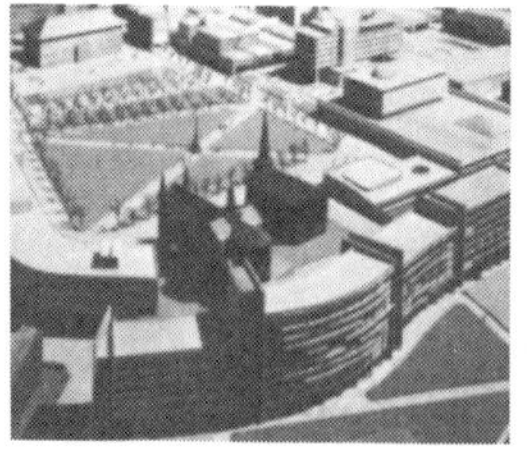

伍斯特市的城市发展规划(哥伦比亚大学研究生院1963届毕业生集体设计)

[penetrae:贯穿，interpenetrate:相互贯穿，complex:复合体]

右面的照片下方区域是由旧时的小教堂与公共住宅相互穿插形成的。从防御外敌入侵的目的出发，城墙一带的街区的结构大都为一种复杂的相互穿插的格局。

纵横交错 interpenetrating

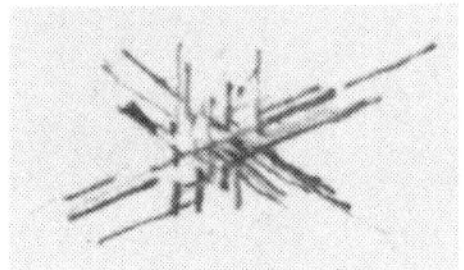

威尼斯，美术展览会加拿大馆

蔓亭式的挑棚与树木相互交织在一起(圣保罗)

空间的纵横交错(interpenetration of space——《时间·空间·建筑》S·基德翁著)是现代建筑的起源，如何将建筑与绿化以适当方式纵横交错在一起是今后应研究的课题。

凝炼集中 honeycombs

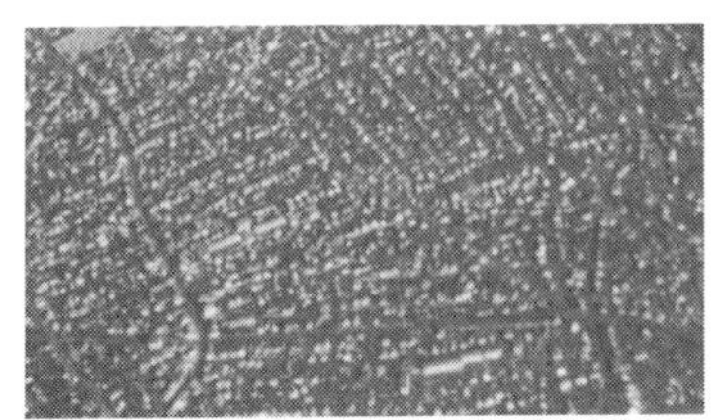

从空中看到的罗马城郊

维罗那的埃尔贝广场(Piazza delle Elbe)

将要素集中起来使其凝缩成蜂巢状，如同北非的贫民区(只在电影上见到过)或自然形成的集市一样，在混乱中却显出一定的秩序，形成一种所谓 vanacular——(当地特有的、民俗的)空间。

相互连接 chains of elements

弗雷迪斯堡的集合住宅

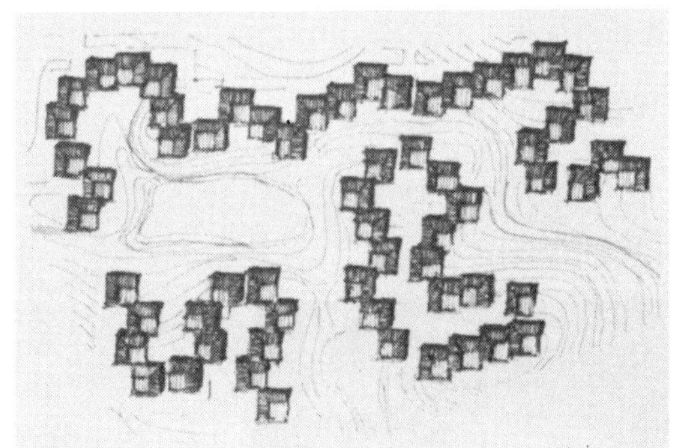

锦江的集合住宅(均为约伦·欧茨翁设计)

将各要素连接一条锁链状，同时形成空间。需要注意的是，如果平面缺少变化，没有韵律感，立面恐怕也不会舒适。图中各例中的地面均有起伏。

视觉穿透　see through elements

格子门(京都)

奥达尼埃密工科大学的小礼拜堂(H · 席勒设计)

当透过格栅、帘子、编织窗帘和百叶窗等看外面时，同样的景色看上去会有变化。即使只是透过玻璃窗去看，因为声音、空气和温度等媒介，景色也会有所不同。

制造地块　building new land

立体风格的露天剧场，圣皮奥内公园(米兰)

奎尔公园，A · 高迪设计(巴塞罗那)

当引入“人工土地”的概念以后，便可营造出立体的环境。在关于屋顶庭园的讲述上已经涉及到这一点，今后还应该大力推广。

制造气候　conditiong the climate

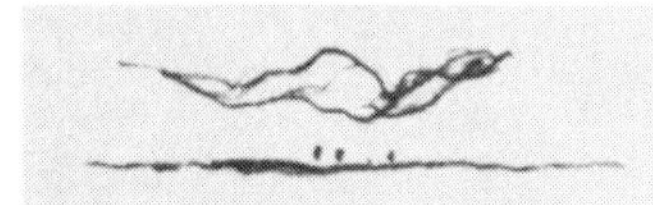

在琴平山

帐篷式的遮阳伞兼挑棚，硅谷(圣诺泽郊外)

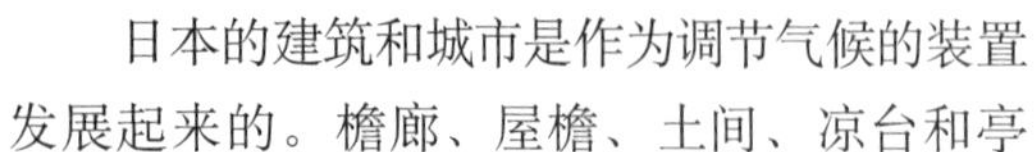

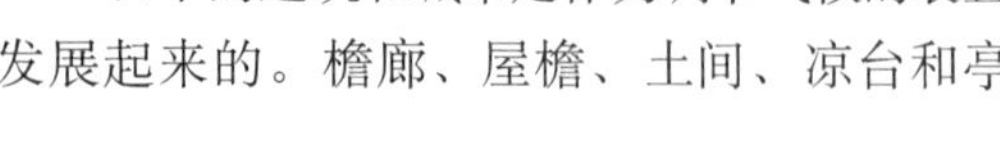

日本的建筑和城市是作为调节气候的装置发展起来的。檐廊、屋檐、土间、凉台和亭子……，这些在空调十分普及的今天，应该重新审视其存在的合理性。

增设墙壁 building walls

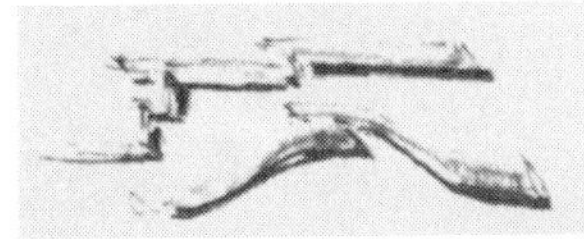

建起一道墙使远景成为借景。正传寺(京都市)

以板墙构筑成的露天舞台。“EXPO '90 · 工会 · 广场 · 花园”展览

在光秃秃的地方只要设上一堵墙，便会形成一个具有前后左右关系的空间。如果再增设2堵或3堵墙，便会构筑成具有不同意义的场所(空间)。

留出缝隙 creating slits

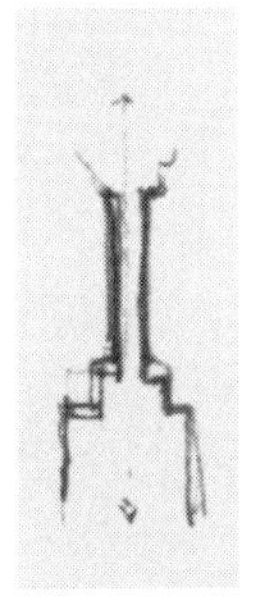

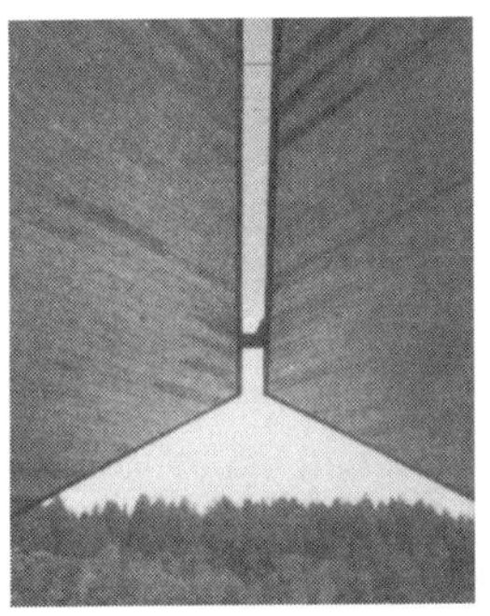

设在亭子顶盖上的缝隙

设在温室局部的开口空间(水户市)

〔slit:细长切口、裂缝，缝隙〕

人为地让视野变窄。透过一道狭小的缝隙去看对面的景物，景物反而变得生动起来。但缝隙过小的话，稍偏一点就什么也看不到了。缝隙的宽度与缝隙的纵深必须保持一定的比例关系。

适当转换 change in direction

路易斯安娜美术馆

杵筑市景观

可分为运动方向的转换和改变氛围的心情转换(changing the mood)。运动方向的改变让人产生某种期待感和紧张感，希望接下来会出现点什么。如果构思巧妙，便会营造出乐趣无穷的生活空间和公共空间。但搞得不好，也会变成一个失败的呆板的方案。

构筑起伏　undulating

水户市植物公园(原来是平地)

奥林匹克运动中心(慕尼黑)

undulating 意为波浪式的起伏，在专业的造园用语中意为不平坦的地势。

Landscaping 系由 Land(土地)与 scaping(风景化)二词合成。以各种形态构筑出地势的起伏，便会形成一个令人心情舒畅的空间。

打通视线　creating new vistas

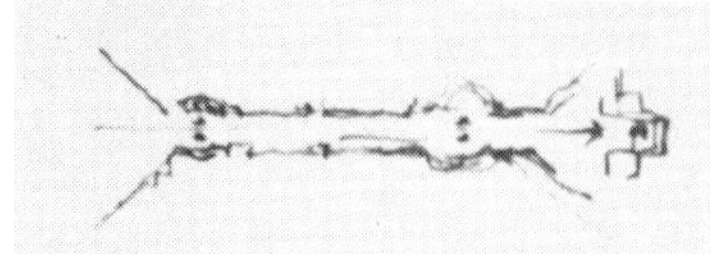

这是一个无须再说明的设计理念。但是，vista(通景，穿透)到底指的是什么，所谓“透”的含义该怎样理解，这不是能随便使用的词。因为在一般人看来，道路本来就是笔直通透的。作为一个好的设计应该注意到空间视线穿透情况，并通过设计予以改进。但要做到这些也是相当困难的。

华盛顿特区的林荫道

以上列举了一些具有代表性的设计图案。如果接着列下去，还有许多，如锯齿状、前探状、抽象形等等。在现实空间中，这些图案都是相互交错在一起的，能够被分辨出属于某种图案的造型未必就是舒适怡人的空间。

为了获得某个方案，试着利用这些图案来构思自己的设计，哪怕出现错误，作为一个学习过程也是有益的。一旦将这些融汇贯通，摆脱类型化的束缚，肯定能进入创作的自由王国。

东山会馆立面(已故增田友也设计)(照片由新建筑社提供)

3) 建筑与绿化的衔接

关于建筑物与树木的和谐关系，人们会想到各种各样的形式。和谐也可分做对立的(对比的)和谐和统一的(相互渗透，融汇在一起)和谐。但在现实空间中并非划分得这样清楚。它们往往是以相互交错的形态出现，或是在一个平坦的地块上突兀地布置上一点什么，便使整体活络起来。这就是设计的作用。

这样的道理很难系统地说明，如果把它们放入矩阵中分类和解析，反而会让人堕入五里雾中。因此，下面还是结合实例来加以说明。

墙壁与树木的对比

光秃秃的墙面会令人感到生硬和冷漠，如果设法栽上树木，则空间顿时变得生动多了。京都的东山会馆(已故增田友也设计)由于在墙前的屋檐下栽了一棵大树，使建筑立面立时显得十分精彩。进入内院，正面是一道刻有浮雕的墙。榉树静静地矗立在那里，显得挺拔伟岸(这座被认为是昭和时代名胜之一的建筑，因遭毁坏，今已不存)。

右下图的石砌墙前栽有几棵野茉莉，纤细的枝干与石墙重叠在一起，营造出庭院的氛围。下面右上图为混凝土墙壁与树木；下面的左图为板墙与树木组合在一起形成的立体构成。

“EXPO '90，光馆”的板墙和树木

水户市大温室中庭的混凝土墙

亭子背面的石墙(爱知县)

新精神展览馆(引自作品集)

爱知县植物园温室入口一带

夏威夷阿拉莫中心的停车场

爱知县植物园温室的主入口

这些建筑物本身的设计便是上乘之作，树木的置入更使其锦上添花，最终的目的是使环境的氛围更富有人情味。

将树木融入到建筑中

勒·科尔芬基的新精神展览馆(1925年)，将室外空间建成箱体形状，屋顶开个圆孔，让树木立在其中。

esprit(精神)和nouvoux(新)这两个词是大家所熟知的。在当时从未想到的现代立体造型中，只收容了1棵树。

夏威夷的阿拉莫阿那肖宾克中心的停车场也开了几个采光换气用的孔，在每个圆孔中都栽有1棵椰子树。因为雨水较少，最初人们抬头向上一看还以为是开的天窗呢。

类似的例子还有爱知县植物园，在正面上下两个不同水平的房檐部分开出大洞，让大树从中穿过，不知道的人还以为树木原本就生长在这里。

像这样开方孔和圆孔配植树木的形式有一个优点，即可以用绳索直接水平地固定树木，不再需要支柱。

通过玻璃与绿色景观联系起来

如同在有关映像部分说过的那样，玻璃面可以映出周围的影像。透明玻璃在光线的作用下，还会把近处的映像重叠到可以看得到的玻璃对面。反射玻璃的一面是明亮的镜子，发暗的那一面是透明的玻璃。白天，外景会映在玻璃面上，夜晚由于室内变得明亮，情形刚好相反。

爱知县植物园苗木广场的管理处

爱知县植物园主馆平台一侧的出入口

石川县林业实验场展馆入口一带

反射玻璃与透明玻璃的适当组合会使内外空间产生变化，更具魅力，因而得到了更为广泛的应用。现试举例说明如下。

在石川县实验林场入口侧面，便装有一条很长的反射玻璃，玻璃上映出了入口广场及其后面的景色。当满山红叶时，这里便如同一幅有名的山水画。由于其平面是三角形，玻璃面又形成60度的夹角，因此外景被多次反射，形成了重叠的映像。

爱知县植物园的主馆，上面是反射玻璃，下面是透明玻璃。当从阶梯瀑布广场望向这个玻璃面时，可逆光见到入口处内的一侧及其外面的天空和树木，还有天空投下的一片碧蓝。除此以外，玻璃面上还出现了顺光映出的阶梯瀑布、树林和广场等影像，与上面的影像叠加在一起，构成一幅幅十分复杂的画面。如果不使用玻璃这种材质是无法看到如此的景象的。

面向服部绿地沉降庭院的2层建筑也镶嵌着幕墙式的反射玻璃，屋外的绿色景观被映在玻璃上，但从外面却看不到屋内(上面是洽谈室，下面是研修室)的情形。

从里面可以看见外面，外面却看不到里面。这一特点非常适合“女孩观察”。

〈同上〉三角形的角落内部情景，实像和虚像叠印在一起

映在平滑面上的景物

映在弧形玻璃面上的景物

外、内、外多次重叠的景象

4) 单一的绿化空间构成与造型

一般情况下，庭园应属于由绿化构成的空间，但我们这里要讲的是将植物作为建筑和雕塑素材来构筑空间的例子。

民居用来防风的高树篱虽然越来越少，但在边远地区还见得到，它的正面轮廓和侧面剪影甚至比周围的建筑更具有造型特点。

以修剪过的整形树为主角的日本庭园似乎也很多，滋贺县的大池寺可算是其中的代表。穿过阴暗的房间来到庭院，那美景令人震撼。

修学院离宫的巨大整形树丛也是布置在一个斜坡上，其品味之高雅，实在是无以复加。

树木修剪后，有的近似于某种动物体态，有的成为各种几何形状，在造园用语中被称为“整形”(topiary)。至于它与“修剪”一词到底有何区别，我一直没有搞清楚。

不言而喻，在西洋庭园中，很少有不采用整形树木作为要素来进行布置的。

很多人都认为，欧洲庭园是以人工的、整形的树木为主要特征，日本庭园则采用了自然形式。但是，当你看到遍布大街小巷的球黄杨和整形扁柏时，便会想：日本人是否也在开始喜欢人工的东西了？

民居防风用高树篱

以整形树丛为主的庭园。大池寺(滋贺县)

玛丽亚庄园(Villa Marlia)的整形树舞台

我们再来举几个以植物造型的例子。据说露天舞台是剧场的起源，在露天舞台中有许多是由整形树丛来构筑的。

在北意大利玛丽亚庄园中，从作为演员出入口的舞台两侧到照明用开口部，都是由整形树构成的。

波特南德花园(威尔士)里也有修剪整齐的树丛，看上去让人觉得树木也成了类似砖石一样的建筑材料。以造型树作为高篱墙，或修剪树丛的一面空出凹洞的情况也是一样的。

以树木构成隧道或拱门，都可以看成是以树木为素材的建筑造型。

波特南德公园(Bodnant Gardens)的整形树墙

树篱墙(雷本茨 · 霍尔)

树篱墙(波特南德花园，前页)

新布伦宫的树木(Bosquet:树林)

在欧洲的整形园中，整形树担任了主角或配角。它们被修剪成各种各样的几何图案，有的甚至成为工整的文字。苏格兰的埃泽尔城堡早已是一片废墟，但其残留的文字片断，在绿地中仍依稀可辨。同在一处的庇特梅迪庭园里，也到处都是整形植物组成的图案和文字。在日本的某座城市，也在其城郊的山坡上布置了整形植物图案，作为城市的标志从远处便可望见。但看上去并不具有当地的风情特色。

在佛罗伦萨的塔蒂庄园，阶梯式地排列着方锥形的树木。

法国卢瓦尔地区的维兰德里城堡庭园，里面有规模巨大的各种几何图形的整形树丛。

雷本茨 · 霍尔(Levens Hall)。重叠的拱门

帕拉维奇尼庄园(Villa Pallavicini)湖畔的拱门

新布伦宫的绿荫隧道

塔蒂庄园(Villa i Tatti)中的花坛(佛罗伦萨)

有的地方在整形树丛上点缀鲜花，称之为装饰园；有的图案均为方形，则称为矩形园。还有一种蔬菜园，真的以南瓜的果实和甘蓝的叶子构成不同的色彩和形状，组合成各种整形图案。连蔬菜都被作为庭园构成要素加以运用，可见不管你喜欢也好，讨厌也罢，施加给造型的主观意识却是压倒一切的。本书插图因是黑白照片，恐怕难以传达出它的宏大、绚丽和壮美。

苏格兰的雷本茨·霍尔作为整形庭园远近闻名。园中的造型让人感到奇特和古怪，有的空间被弄得十分狭窄，让人感到十分压抑，甚至没心情再去打听各种造型的寓意是什么。

整形园(topiary)里有像照片中那样的各种形态。

埃泽尔城堡(Edzell Castle)(苏格兰)

赛斯蒂宫(Pallaazzo Ginsti)(北意大利)

庇特梅迪(Pitmedden)的整形园(苏格兰)

梵蒂冈(城市即国家)的庇亚庄园(Villa Pia)附近的植物拱门(罗马)

以上这些未尝不是以植物为素材创作的雕塑或小品。

还可以让树木按照金属结构的形状生长,如成为拱形。将树篱修剪并塑成拱形的例子很多。

攀援类植物构成的吊篮式的造型不知是否也该叫做整形树，但至少应该算是采用了植物的造型体。

假如造型艺术家们也涉足这一领域的话,

维兰德里城堡(Villandry)的整形园 · 花园 · 蔬菜园(巴黎郊外)

鲍尔盖泽园的弧形树墙(佛罗伦萨)

帕克乌德宫(Packwood)苏格兰

塞诺索城堡(chenonceaux)的花园(巴黎郊外)

在可以预见到的未来，日本原有的莫名其妙的整形树都将被作品化，真正意义上的植物艺术品会遍布大街小巷。

以我之见，用石头刻女人和男人的雕像早在古希腊罗马时期便已完成，从米开朗基罗、达·芬奇到使用金属材料的罗丹，在造型艺术上已达到顶峰。

雕塑家要创作什么是他的自由，但事实证明，许多公共空间都因为摆放了一些莫名其妙的具象作品而变得糟糕了。

雷本茨·霍尔(Levens Hall)的整形树群(苏格兰)

天文台大道的树墙(巴黎)

另外，在造园用语中，将分割空间、并使其具有方向感的多棵树木叫做树林(Bosquet)，树林也同样应该布置在城市空间、公园和绿地等处。

在这方面，热切地期待着绿化造型艺术家们的参与。

整齐布置的树木本身便构成了建筑学意义上的空间。无数的实例证明，通过列植同样可以产生列柱和柱廊那样的空间效果。

克雷西斯城堡(Cathes' Castle)的整形树

艾玛湖畔斯特拉特福新区的庭园

列柱似的成行树木。梅尔兹庄园(Melzi)(北意大利)

树木好像整齐地排列在棋盘上(塞维利亚)

树木构筑的柱廊，哲学家之路(香迪城堡)

5) 充分利用现有树木

作为使建筑物与现存树木相融并与之共生共荣的例子，在加拿大不列颠哥伦比亚大学有一座塞西维克图书馆。在作为宽敞校园象征的林荫道中段，有一处学生们经常聚会的所在，图书馆便建在这里。成行的树木被原地不动地保留下来，并大胆地将两层的图书馆建筑埋入地下。8棵树龄有40多年的青冈栎，分别被直径为9m的钢板制圆筒围住，就如同将树栽在植木钵中一样。建筑在此则是沉降形态。

本来找个借口便可轻易地将树伐掉，但他们却没有这样做，可见其用心良苦。

成行的树木都分别被围在圆筒中。塞西维克图书馆(W.Sedgwick)。不列颠哥伦比亚大学(加拿大)

大学校园内的中央林荫道，形似雕塑小品的是路灯，图书馆便建在这下面

围着树木的大圆筒在室内照样裸露着

不改变行道树现状来建造图书馆

施工情形(引自 PROCESS ARCHITECTURE no.5)

大道的下面是图书馆

建筑物的上面是道路。两侧成沉降花园状

8 关于植物

8. 关于植物

我认为有关植物的知识没有必要了解得太多。

绿化的先行者、已故的西泽文隆先生曾说过这样的话:“一点不懂会感到难为情,作为常识还是懂得一点好,多少懂一点就有了同植木商谈判的本钱。”当时看到他列出的一份树木一览表(《都市住宅》1973年5月号)吓了一跳,里面有许多树木的名字都没听说过,至于各种树木的性状特点,不清楚的也有一成以上。

我曾参与过几个温室的施工,其中大多数的内部绿化设计也是我做的。

作为一名建筑师,我只能一边请教绿化方面的专家,一边进行总体规划。从众多的树种中一一挑选,对着树木照片来确定哪种树木都应该栽到什么地方。根据建筑物的具体情况及其他相关条件,设计出绿化平面图。

事后看,这样做的效果似乎比完全委托给园艺专家要好。这是因为园艺家总是偏爱某种植物,又对另一些植物感到厌烦,反而不能因地制宜地客观地选择植物品种(作为园艺从业者大都不能从图纸上了解建筑尺寸、绿化面积和视线通透程度等相关情况)。遗憾的是,至今已记不起每座温室里都配植了哪些植物。

但向专家请教,这世上到底有多少种植物时,得到的却是反诘式的回答:“这个么……,你能数得过来么!”

野生种类在日本有5000种,据说在中国竟达30000种之多!到了南方,光是椰子便有3300种,羊齿类植物有2000种。再从世界范围去看,植物说不定超过30万种。

在原种的收集方面,大英植物园有50000种,纽约植物园有10000种左右。每年发现的新物种(含分类)也有3000种以上。

这些还不包括栽培品种和园艺品种。仅仅一个花菖蒲,便有江户系、肥后系、伊势系和外国系等,被冠以特定名称的有2500种,如远古神代、小儿妆、伊势之光和银色细浪……。

兰花则进入了万种数量级,如果再说到仙人掌什么的,真是数也数不清。

从另外一个侧面看,建筑的构成要素也几乎是无限的。世上存在的所有制品、加工物、艺术品、什物和一些破破烂烂的东西,几乎都一古脑地塞到建筑中来。既有像家电、家具、钢琴和书那样作为物品搬进来的;也有如电灯、坐便器和空调那样作为设施安装上去的;还有水泥、木材、混凝土、钢材和玻璃等等,则是构成建筑本体的材料……,种类众多繁杂。

我常常在想:很少有职业像建筑师那样需要掌握如此纷繁复杂的知识。

建筑师必须了解从古希腊罗马建筑样式到日本古建筑、茶室和壁龛的全部情况。而且还要具有以下常识:建筑物选用的材料有什么特点,价格是多少;当各种材料组合在一起时强度怎样,还有外观、寿命和耐候性;材料加工制造的工艺和流程,以及它们采用和依据的标准及法规(每个标准和法规都是一件一件制订出来的,建筑作为矗立在某个地点的特定复合体,如拿这些标准去生搬硬套,一定会产生各种矛盾,结果使本来是为维护社会安定和生活秩序而制订的法律,到头来却起了消极的作用),甚至在高深莫测的艺术论看来,连“壁橱发霉是因为没生白蚁……”这样的事都得知道。不知这是进步还是倒退,而知识却时时在更新。

要了解这一切恐怕常人很难做到。

设计的本职工作是对各种要素的归纳和综合,并不一定要了解所有细节。懂得固然比不懂好,但如材料、价格和法规也要搞得一清二楚,总觉得有点过分。即使有人真的懂得这些知识,在设计上也不一定能够让人满意。

M 农场的会员中心(规划中)

远有密斯·凡德罗，近有安藤忠雄。他们二位使用的建筑材料也仅限于混凝土、钢材和玻璃等，并没有收集大量的新的建材样本。

建筑学(Architecture)一词的本来意义是“懂得原理的工匠的技术”(森田庆一——著《建筑论》，东海大学出版社)。意识到这一点，我们首先应该将着眼点落在维护“原理和秩序”上。

造园即Landscape Architecture。为让Landscape(景观)与Architecture(建筑)组合起来，不单单靠栽花种草的技术，一定要让景观立体化，并归纳综合成一个理念。

当然，要做到这一点也不难，就像把结构、设备和预算交给专家来做一样，也可以将造园和园艺一类技术性的工作委托给专业的人。

这里有两个重要的问题。

一个是委托给哪位专家。所谓专家应该是“为我所用的人”(山本夏彦著《茶余饭后事》中公文库)，但如果认为专家便无所不知，事事都能给出满意的答案，那便大错而特错了。设计师还有优劣之分，真正负责任的介绍人也不多，这恐怕是不少人的经验之谈，即使是位水平很高的设计师，也有可能对这类项目不擅长。应该说，在有限的领域内精通某种特殊的技能便可称为优秀者；如果不这样看，就是固执和偏见。

以钢材和玻璃来创建自己全部作品的密斯·凡德罗是位建筑大师。作品造型曲折多变、显得有些异样的高迪也是建筑巨匠。他们之间难分伯仲，都具有自己独特的风格。

我们硬要将高迪那样的作品委托给密斯来做，显然是强人所难。这便是委托方的责任，决不是对方的问题。

建筑摄影师二川幸夫在他的文章中说：“以外国的住宅为素材来拍照业主都很高兴，但在日本却屡屡吃闭门羹。这是因为，国外由业主本人来选择设计师，设计师可能就是业主的朋友，他提出的方案用不着去迎合别的人，只要让业主感到满意，业主便当即决定：‘干的不错，接着干下去吧。’但是在日本，设计师都是经熟人介绍、走关系和挖门路找到的。由于对设计师不了解，委托设计后完成得不理想，业主也大失所望，怎么还会让人去拍照呢?”(ADA 东京编委会编《世界住宅第 2 卷》)。

仅就想到的大致说了这么多，希望能引起读者诸君的重视。

究竟应该请一位什么样的专家，要具体问题具体分析(应充分了解专家本人的情况)，要将在什么地方、搞什么东西、达到什么目的，都原原本本地交待给对方，然后征询他的意见，看他能否承接这样的任务。至于报酬，应尽量在事先说明能支付多少。

在建筑杂志等关于项目介绍的合作者栏中，还能找到结构和设备等专业的合作者名字，但造园者的名字却难得见到。就连那些标榜着“为社会和文化事业做贡献”的大设计所，也瞪眼撒谎，说哪些图纸是由造园专业的人画的。其实他们根本胜任不了制图工作，而是由另外的一些人画的。

类似这样弄虚作假的事是难以被人接受的，又只能采取视而不见、充耳不闻的态度。不仅造园项目的实施，而且在支付专家和设计者报酬方面，也存在混乱现象。这似乎离题了，但如果不把这些关系理顺，便难以让设计者尽职，其设计的作品也会缺少文化内涵。也许世界没有变成清新的绿化空间的近因和远因便在于此。

将所有项目的绿化工作搞好的第一要诀是：找到合适的专家和合作者。

另一点是：不应该大撒手，把一切都交给专家来做。

建筑师(或业主)事先应该认真地画出草图，标出树木的预定位置、大小和形状(委托设计住宅的业主假如是外行，还应该给他画出立体的示意图)，然后在广泛征求造园师意见的基础上进行设计，在设计过程中还要反复与造园师商量。必要时设法改变建筑的设计。

现在已弄不清桂离宫是怎样建造起来的，

桂离宫·古书院赏月台

但不会是采取这段归木匠干，那段交给造园师分片包干的做法。或许有大致的分工，但一定是由某个人从里向外看或从外向里看，一边思索着看到的情景，一边确定自己应该采用什么样的建造形式。赏月台是一处挂着竹帘的檐廊，单从檐廊的设计和建造方式上便可知道，建造者当时一定是将树林、水池、平台、檐廊、屋檐、开口部和室内作为连在一起考虑的整体，一边仔细观察着月出后映在水面的景象和当时屋内的情形，一边构思出自己的方案。

世上的事情很复杂，如果因职能分工的结果而使这样完美的空间无法造出，真是件遗憾的事。

职能分工越是细化，越有必要与造园师密切的合作。

前面曾说过，某些知识没必要知道太多，当然那意思也不是说什么都不懂才好。设计工作本来是一项智力型的劳动，在已进入信息时代的今天，知识就是力量。如果不掌握结构和设备的一般的原理和原则，建筑物的设计也将无法进行。同样，假如不了解植物的一般常识，便无法与专家配合，更难以为专家施展才能创造条件。

因此，最好还是看点专业书。说老实话，这类专业书我本人几乎一册都没摸过。一旦将几本没看过的书拿在手里，又完全没耐心看下去。应该看的书实在是太多了！

不同门类的专业书自然都针对相关领域的问题做了详尽说明。譬如单就树木分类来说，便有许多种。如针叶树、阔叶树(叶形)；常绿树、落叶树(叶的性质)；高木、乔木、亚高木、中木、低木(树的高度)；热带植物、温带植物、寒带植物(产地)；高山植物、高原植物、温性植物、水性植物(产地高度和性质)；灌木、下草、地衣、水草(种植时的分类)等等。此外，还有阳树、阴树、结果树、开花树、观叶树、攀援植物或照叶树林(小连翘树林)等。仅仅这些便让人如堕五里雾中。

再加上什么开花期的问题、肥料和病虫害的问题，如果是我的话，更是无所适从。

我自小便生长在自然环境十分优美的地方，但通过书本来了解自然却意外地困难。

因此，要把自己正在做的事情搁在一边，专心致志地啃书本，决心是很难下的。但又难以为不读书找到什么借口。原先是德语教师后成为著名散文家的内田百闲先生说过下面一段话："当说已记住时便是忘记的开始，在说忘记时又开始记住了新的事物。"

学习知识后记住它，记住的事印在脑海里的顺序并不重要。这些残留在记忆中的事物经过筛选和提炼后便自动消失，即所谓忘记。至于说忘记之后是否还有什么东西剩下来，这很难简单用语言解释清楚，但肯定不是什么都不知道了。忘记与压根就不知道在性质上完全不同。

把记住的东西忘掉，忘掉之后再去记忆，直至掌握它，最后剩下来的才是最珍贵的财富。……"(内田百闲著《海面闪电》旺文社文库)。

依据这一说法，大家还是应该大量地阅读一些关于绿化和植物方面的书籍。

由于本人看书很少，学习又不够努力，故所知甚少，下面仅就一些应作为原理掌握的初步知识做个简单介绍。

说起来好像雕章琢句似的，植物的体质十分脆弱，反应又十分敏感，极容易受到伤害，它的一生都是在担惊受怕中度过的。

或许因为不能到处活动的缘故吧，植物的个体差异比动物要大得多，似乎难以固定成狗猫兔那样典型化的体态。我试着归纳出植物的几个显著特点。

1）树有根

建筑物有基础是谁都知道的，而且基础是一个复杂的结构。不把土层挖开，从外面看不到里面的样子，便无法弄清其内部结构。为了盖房子，便要将地块全部挖开，原来板结坚硬的土层被弄得松软了。看上去很硬的土层下面，也许是底泥或粘土。很多城市都位于原本是海洋或江河的地方，地基的整体情况不是很好，是内部夹有粘土、细沙、粗沙、卵石和岩盘的地层。基础的构建，必须根据地层的强度情况和坐落在地层上的建筑物重量来进行。建筑物的形状和重量千差万别，地层情况也因所处位置而各不相同，依据不同条件制定的施工方案更是多种多样。因此，基础是十分复杂的结构。

虽然不能相提并论，但植物有根是谁都知道的。根在土中到底呈什么状态，也是相当复杂的问题。在岩石结构的山上，植物的根四处伸展，咬在岩石的裂缝间；山上的树林，其根部相互缠绕，纠合在一起；行道树的根部因被沥青路面覆盖，为了吸取水分，树根竟一直伸展到马路的对面。

如果将这些现象概括起来，以一个极简单的模型来表示的话，如同第194页的图中(A)那样，即树木上部与根部基本处于平衡状态。换句话说，树的根部伸展范围大体上与它上部的枝叶伸展范围在体积上是相等的。

通过第194页图中(B)能让人明白，从叶片上落下的雨水被根尖吸收，树的上下两端处于稳定的平衡状态，哪怕台风袭来大树也不会被刮倒。不过这终归是一般的模式，事实上树的枝叶形态每棵都各不相同，更因树的种类繁多而千差万别。让我们去想一想山药、牛蒡、萝卜和仙人掌的例子吧，这样一想便会更容易了解事物的复杂性。而且，由于土壤的条件不同，根的生长情况也各不相同；比如碰到障碍物就不再伸展，而在松软的土层中则伸展得很快。

由于树木是通过根部吸收水分和营养才得以向上生长的，因此为了使上部枝繁叶茂，土中的根部状况如何便成了大事。树木作为景观，只有地上部分被人看到，人们往往会忽略了重要的根部。在规划绿地时，应该时时将根部问题放在心上。譬如，不管绿化地点是屋顶还是内院，都要根据现场情况，不仅要画出地表布置图，还要描绘出其地下形态(图中C)。

2) 根部需要排水

植木钵底部是开孔的，用于排放多余的水。洗脸盆不能当植木钵来用，因为里面的水积聚起来排放不出去。

类似沙地那样松软排水良好的环境，可以“哗哗”地浇水，哪怕浇的次数很多，树木依然可以生长得很好。

反之，将坚硬的地面挖成水缸一样的坑，即使栽上树，由于坑内积水排不掉根部也会腐烂，即俗语说的“烂根”(其实也用做专业用语)。

综上所述，在绿化区有必要采取某种形式的排水方式。斜坡地固然不存在排水的困难，但假如是屋顶，下面就得铺上沙砾层；平地也得安装透水管构成一种暗渠。建筑物周围都有排放雨水的井口，埋在地下的水管应通向这里。不过，通常排雨水的井口都不太深，如果树木的根系太深，就得考虑将雨水井加深，或者在栽植树木时选择稍高的位置。总之，要因地制宜，根据具体情况制定出相应的对策。

为了让根部更好的伸展，土壤也必须保持良好状态，土壤改良是必不可少的措施。

至于应该在多大范围内怎样进行改良，只能去请教专家。至关重要的是，要把它纳入设计图纸和预算中去，当做全部工程的一部分，否则的话，植树商便会将树木栽到遍地砖头瓦块的建筑周围，其结果是可想而知的。

3) 植树需择时

除了北海道和少数冬季大雪覆盖地区，全日本一年四季都能进行建筑施工。这期间有梅雨季节、新年和盂兰盆节，但施工进度并不受此影响，到某年某月还有多长时间，应在某年某月竣工，都会按照计划进行。

但植物的生长却与季节息息相关。在盛夏日照强烈的时候移植树木是难以成活的，而在严寒的冬季，即使想把热带植物移入温室，搬运途中也会死亡。

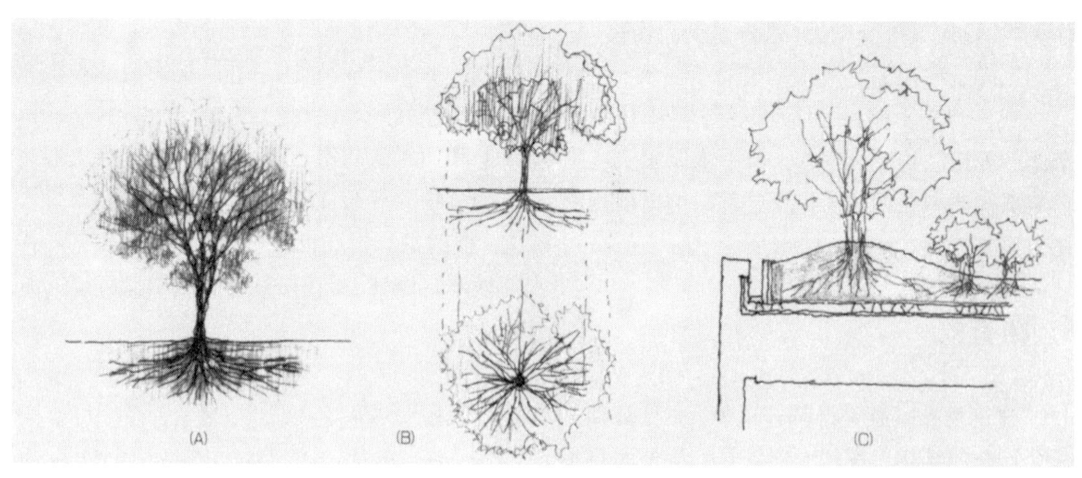

适于移植的季节和时机，因种类不同差异很大，说法也因人而异。在被认为不适宜移植的时间里，可采取一些对策。本来盛夏是无论如何不能移植的，但可以将植物的叶子全部揪掉以减少水分的蒸发，或者施上抑制水分蒸发的药品。不过，即使是这样做仍有很多人坚持不能移植的观点。

为了在建筑竣工的同时也能收到理想的绿化效果，不能轻视绿化种植时机的选择问题。应该在建筑施工期间便适时地进行绿化，也可以在建筑竣工时集中绿化作业。总之，绿化方案中要明确标示出某个树种在哪个时期栽植。工程常常会因某些意料不到的变故而改变施工计划，绿化方案的制定者也要随时适应这种变化。

4) 树木没有商品目录

建筑和结构设计是在研究商品目录和样本的同时选定将要采用的素材的。

但是，植物的一草一木都不尽相同，没有建材那样的商品目录和样本，也没有定价(常见的品种能在报刊的建设物价版上见到标价，可作为参考)。此外，有一个大概的市场行情，或由造园商对某棵树进行估价等，再没有其他办法。

当问造园设计者，到底要采用什么办法把树木运到现场来时，他会回答：“这个么，办法有多种多样啦!”

听起来像是挺不容易似的。

从山里挖出树木再栽上叫做“选木”，选好的树木不能直接运往现场。在有限的造园时间内要栽很多棵树，不可能在山里一一选好，再同时挖出运走。也不能把选定的树木集中在一个地方，再栽植到便于搬运的公路边。山中的树木与周围的其他树盘根错结，相互交织在一起，就这么简单地运走某棵树，其后果不可想象。而且即使移植到城市因为环境骤然改变也多半会枯死。

通常的做法是，为了移植树木，先要进行剪掉须根的作业。如前页图，将树木伸展的根部全部挖出。要保持原样移植到新的地方，只要是稍大一点的树便几乎无法办到，因为不可能连土一起运走，须根也就失去了意义。因此，挖出后，先将根部修剪成一定大小，切掉须根，从切掉的部位周围还会长出更细的根来。这种修剪不是要将根全部砍光，而是留下几根关键的根，剥去表皮，使之通过这里吸收养分。根部被砍小，为了保持平衡，还要剪掉一些上部的树枝。如果是落叶树，秋天落叶后，到了冬季便进入休眠状态。这时运到现场移植，一到春季，细小的根须便从周围长出，是很容易移植成活的。移植前被草绳一圈圈缠住的根部周围，在泥土和草绳之间的缝隙处正钻出一丝丝新生的须根，搬运时根也不会受到损伤。从移植的一年之前或根据情况也可以是2～3年前开始搬运这些根部经过处理的树木。处理的关键是要把根部一点不剩地挖出，移植前的根部处理丝毫不能马虎(每逢开会或洽谈时，事前说的“打招呼”、“吹风”，在日语中即来源于“剪掉须根”一词)。

以上这些树木被称为无须根树或养生树。这些树都是将前面提到的“选木”经过根部处理后先移植到田地里或苗圃中，一旦需要随时可以运到指定地点。

另外，我们将从山上挖出直接移植的苗木叫做“实木”，也有的用树木果实里的种子，使其发芽生长，再移植到什么地方。这时，随着苗木的不断长大，需要在田地里进行几次移植。

从苗木产地经过时，田地里栽植着一排排树木，标牌上写着“某某造园”、“某某苗木”，这些便是等待移植的树木。

然而，这些造园用树木并非包含了全部所需。从订单上看，写着“楠H(高)8.0m，W(树冠)5.0m，D(树干直径)0.5m；红叶H5.0m，W3.0m……”一类的内容。根据这份订单中列出的明细，田里的现有苗木尚不能满足全部要求。

枝干弯曲的树木也有适合它的场所。T工作室

虽然树种齐全，但不一定能找到所要求的尺寸。至于经营者用什么办法满足客户需要，我们不太清楚，也不必知道这些。总而言之，应是通过多种渠道来打听，设法找到需要的苗木，并与对方商讨多少钱可以成交。

作为苗木的生产者有种植场培育的树木，也有超级市场那样的苗木集散地，在苗木生产和流通环节上，有各种各样的形式。当有特殊需要时，甚至可以直接到某某家里，看他房后的那棵树的树冠形态不错，便与他商量，看看给几十万日元能否出让。

建材的原价和定价往往很难搞清楚，由于上面谈到的原因，树木的价格更是复杂。从育种到生长，这期间花费的人力和财力计算起来很困难。目前4m高的树市场价格是5万日元，再过1～2年长到6m高，也许能卖到9万日元，因此，主人是不会轻易把4m高的树出手的。不过，说不定会有碰巧的事，例如当你突然造访时，正赶上主人要将树移植到什么地方去，要想成交就容易了。

因此，可以说造园树木的来源千差万别，既没有商品目录和样本，也没有定价。

在设计绿化方案时，关于树木的选择和配置是个大问题。事先应通过一些途径了解，在什么地方都有什么样的树木。如果在近处找不到需要的树木，可以派人到远处去寻找，并拍下照片，通过照片来估计这些树能否采用。通常很少会有一棵树孤零零地立在那里的情况，如果是多棵集中在一个地方，通过照片来确认哪棵合适哪棵不合适，难度也是很大的。因此，一旦认为照片中的树木有中意的，最后还是要到现场去确认实物。

这些事似乎都可以交给专家来做，不过为了慎重起见，还是亲自跑一趟核实一下的好。这就如同去工厂或库房挑选瓷砖和石材一样。

从事造园工作的心得之一，便是必须经常跑到很远的地方去挑选树木，特别重要的不是有没有形态好的树，而是选中的树木能否与建筑物相配，一旦移植到院子里就要与建筑和谐统一。当你选来一棵树后去征求造园师的意见："您看这棵行么?""这棵不行，枝干弯曲树形不正，没法用。"这样一下便被判了死刑。

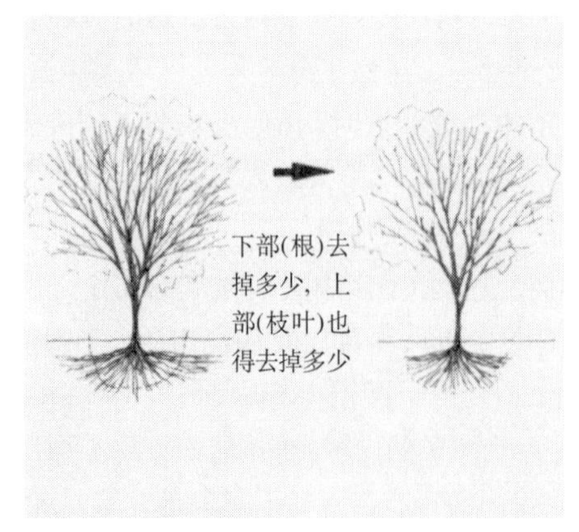

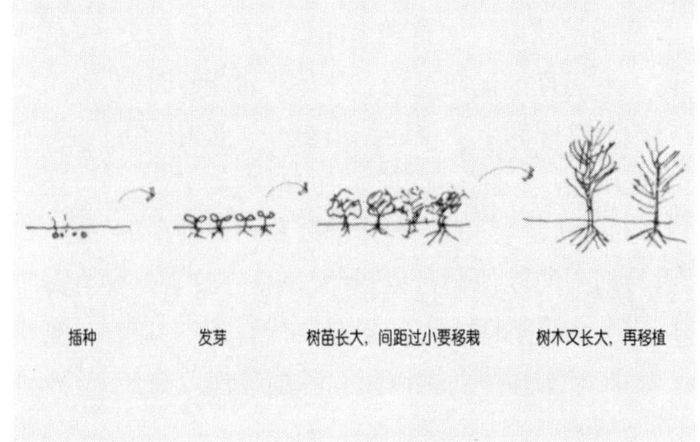

其实树枝的弯曲显得很奇特，栽在屋檐下正合适。一打听价钱，因为主人压根没想到能够卖得出去，便随便说了个钱数，便宜得如同白捡一样。又打听另一棵树，也是同样的价格。本来是半道差点给枪毙了的1棵树，现在却如愿以偿地到手了2棵甚至3棵，卖主脸上也是喜气洋洋。像这样皆大欢喜的事，有时真的会碰上。

植木商(造园界大抵如此)一般没有树木与建筑要保持均衡关系这样的概念，只把1棵树当做孤立的事物来看待，往往认为形态端正漂亮的树就是有利用价值的。这固然不能说全错。但是，建筑物本身有凹凸，加上道路和围墙的阻碍，有时树木的枝叶只能向一侧伸展，并以此来表现出整体的平衡及和谐。当你如此说出你的打算时，说不定植木商会感到十分不解："这棵树真的合适么?"一脸惊诧的神色。其实，经常会发生这样的事：众里寻它千百度，蓦然回首……

服部绿地中两棵歪斜榉树的组合

再说，像枝叶形态不好的次品树，把2、3棵组合在一起的话，说不定会产生插花的效果，最终为业主所青睐。所谓"分杈的树木"大都能卖高价。如果用这样的办法，便可以不花大价钱却能自由地配植出各种树形。由此看来，群植也是一个好方法。

由于没有商品目录和样本，树木的选择只能依据现场情况随机确定，以上所述便是这方面的一点心得体会，也算经验之谈吧。

5) 在植树的时候

按照上述过程已经找到了你所需要的树木，到了3)中所说的适当的植树时机，就该开始植树作业了。在这最后关头，设计者最好亲自到场。

事实上，在此之前还有工程招标上的问题。按惯例来说，建筑工程和园林工程的招标总是分别进行的。尤其是政府投资的项目，大体分为建筑、庭院和造园3部分，有时还会加上土木(平整)则变为4部分(单是建筑这一块，便要细分出设备项目，设备项目下再分割为电气、空调、给排水等，实行拆细招标)。在保护扶持工商业和招标机会均等这类堂而皇之的口号下，却使业主和投资者遭受了巨大的损失，这种招标方式有百害而无一利。

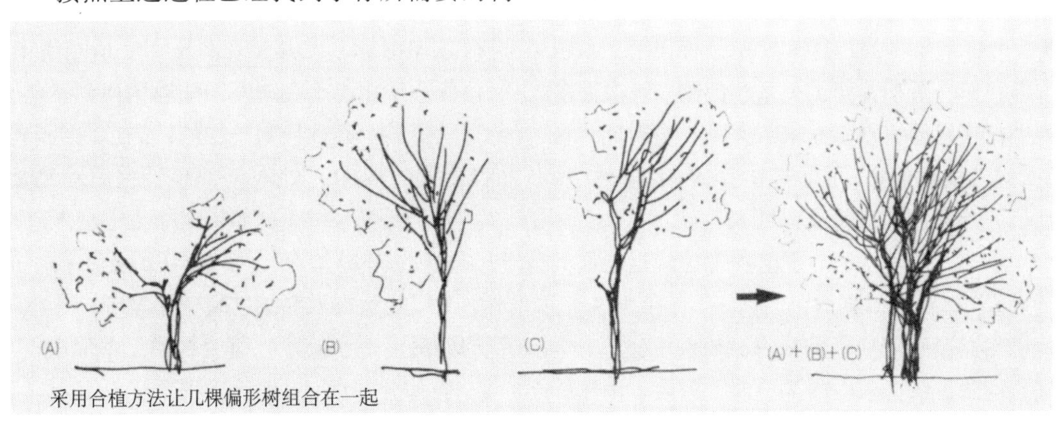

采用合植方法让几棵偏形树组合在一起

植树作业现场情形。起重机将树木从卡车上吊下，并移到指定位置，试着放入已挖好的坑内，调整好方向和位置并加以固定，填土

让许多不同行业的承包商分别去承建一个复合体的某一部分，要做到协调一致自然不会一帆风顺。因此，最好采用总承包方式，俗称一揽子承包。但这一方式却遭到许多人的反对，尤其是政府投资的项目。他们认为，即使分开招标，只要相互之间多商量，并建立起可靠的监督协调机制，也同样会令工程顺利进行。这在理论上也许是成立的，但是仅工程招标前所消耗的人力和时间(如果由一家公司总承包的话，设计任务书的编号、施工者的选择、预算委托、投标和签约等一系列招标业务都可一次完成；如果是6家公司分别承建工程的某一部分，那么上面的过程就要重复6次)以及施工中的协调工作(1家公司的话只向1位现场施工员交待就行了；6家公司的话，就得召集这6家公司的代表开会)等等就会造成极大的资源浪费。

一些人总认为总承包者会刁难下面的分包商，并把造价提高，这其实是一种误解。常识告诉我们，用不着什么关系和门路，一次性多购进材料要便宜得多，也节省了不少时间。再说，通过核对预算，所有的数字都一目了然。反倒是分开发包使造价高得吓人。

有一个温室工程，事前我曾提醒过项目的负责人：如果不搞总承包的话，会有麻烦的。但他仍然遵循政府项目的惯例，找来了建筑、电气、空调、给排水、内部造园、庭院、内部绿化和外部绿化等专业的8家公司，并分别与之签订了承包合同。结果，工程尚未进行到一半，麻烦事便接踵而来，最后变得不可收拾。

首先是负责总体协调的建筑施工主任，面对工程的复杂程度，显得不知所措，失去了总协调能力。当接近竣工时，现场一片混乱。建筑施工刚刚埋下的管子，供暖施工者随后便将其掘出来，铺设供暖管道，庭院施工者再重新埋设陶管。紧接着，造园施工者便将几吨重的石块“咔咚”一声砸在上面。因为下面正在使用起重机进行施工，所以无法搭建脚手架，甚至连防护网都没有，可是上面却照样不停地铺设玻璃屋顶。面对这幅恶梦般的景象，政府的负责人连嗓子都喊破了，但却无济于事。召集各方开会协调时，你争我吵，互不相让……。

暂且不提设备的问题，单就建筑和造园而论，本来是应该一体化施工的，自然也就应该进行总体招标。尤其是在温室和屋顶庭园中，绿化作业便相当于在居室内铺地毯和在屋顶平台上贴瓷砖，其性质是一样的，都必须当做建筑工程的一部分来处理。否则，便会后患无穷。

与外部造园相同，如果把绿化也纳入总承包工程中去，哪怕有一棵树枯萎都是不得了的事。工程的负责人会关注每一个细节，从施工管理到最后浇水施肥，都会畅通无阻地进行。

假如分开承包，建筑工程负责人肯定只关

色彩绚丽的鲜花遍地开放。理查德花园(Butchart Gardens)(加拿大)

修整得十分漂亮的庇特城堡(Pitmedden)庭园(苏格兰)

心建筑施工的事，把造园工程看做是自己的障碍，满不在乎地把残土垃圾倾倒在绿化地块上，并极力主张待建筑交工后再进行造园施工。等到竣工典礼即将举行时，造园者又把残土堆积在已经清理干净的建筑周围，将那里弄得一片狼藉。起重机无法靠近，大树也栽不成了，失去了最佳的移植时机……。总之一句话：分开承包一点好处都没有。

现在，我们再回到原来的问题上来。在工程总承包的基础上，确定由某造园所负责绿化工程，并聘请造园设计者L为监理。通过图纸阶段的商讨，再到实地去挑选树木，都根据L的意见迁到指定地点。在预定的位置挖坑，将树木立在其中，一边站在远处端详树枝和树干的形态，一边转动树木和移动位置，以确认其最佳的景观效果。栽下去的树木应该能满足绿化方案的要求，总体上与建筑协调一致。但这不一定一次便可以做到。在产地看上去不错的树，放到建筑物前面时，却意外地让人感到太单薄；或者是尺寸大小还算可以，但似乎缺少点风貌和气势。这些都必须到最后阶段才能确定。

虽然对插花没什么经验，但总觉得与植树也有些相似的地方。如都是以某种方式获得立体的空间平衡，并且这种很不容易得到的平衡常会因意外的发生瞬间被打破。因此，作业过程中的过多干预往往会让结果适得其反。

这里最关键的是从建筑物中向外眺望或离稍远一点观察栽下去的树，同时平心静气地、不慌不忙地去体验和感受周围司空见惯的环境，想一想怎样才能让建筑与绿化组合的整体更完美一些。

修学院离宫的整形树丛

〈同左〉园艺工人正在修剪树丛

在这期间，说不定什么缘故便会使你产生一些意外的念头：呵，原来如此。那里没有树会更利落一些！这棵树和那棵树应合栽到那里去……。尽管有的人坚持要在那里栽棵大树，你的一些想法轻易不会得到他的支持，但是无论如何都应该发挥整体设计者权威的作用，坚定地发布继续干的命令。

当工人们不太情愿地搬动树木时，周围的那些从远处朝这里运送树木的人们会立刻理解到设计者的总体意图，施工进度顿时加快了。大家都忘记了疲劳，争先恐后地忙起来。这棵树放在这里，决定了！下一棵也放在这，OK！把那棵树再转一转，好，就这样！然后，填土固定。转眼间，建筑与树木的空间关系便构建起来了。其速度之快，效果之好，大大出乎所有人的预料。这就是为什么我奉劝业主不要将绿化工程全部委托给别人，而是要自己亲临现场的原因。

6) 树木的维护管理

应该采取非委托保养的方式。且不说汽车和房屋，理发和刮脸其实也算是人体保养行为的一种。

在绿化方面，无论是京都的名胜还是国外的绿地和公园，凡是以绿化美著称的，毫不夸张地说，都是因为维护管理到位的缘故。建造得再好的庭园，一旦疏于维护管理，也会失去观赏价值，甚至会让参观者有不快感。

精心修整的庭园，常会令人赞叹不已。因此，在建造时就应该想到给将来的维护管理提供方便。当把着眼点放到这里时，也许会有些极端的想法闪现出来：假如什么都不建，岂不是压根就用不着维护管理了么；再不然干脆用仿木材料的栅栏围住，并且立上一块混凝土的告示牌。

让我们回过头来想想整形树和修剪树丛的例子吧。看上去这是一件多么麻烦的事，却能够做得干净利落，将美丽的景观遍布于园中的各个角落，人们无不为这用辛勤和汗水创造出的美妙空间所感动。

宛如地毯一样的草坪，铺在地上的白沙像刚刚筛过似的，园里总是保持才修整过的状态，令人感到清新和愉悦。

因此必须认识到，不仅是庭园，公共空间也应经常修整，并认真维护和管理。

在预算一节已经讲过的原理也基本上适用于维护管理。几乎不需要维护费，却能保持绿化状态的完美，当然是最理想的。花了钱却一点都不美则是最差的情形。在二者之间肯定还会存在程度和水平不同的状况。

作为一般的原则，在规划上应事先有所考虑，最好是确定重点，只要重点处得到很好的修整，便会使总体充满活力，收到事半功倍之效。

无论如何，至关重要的是，越有维护管理的自觉性，营造的空间魅力也就越大；甚至可以说设计和规划的着眼点就应该放在这里。如果构建的是一处无法修整的绿地，即使保养了也没什么意义。

再有一点也很重要，即建成时的效果。在建筑上也是一样，如果竣工时大家都交口称赞建筑外观很出色，质量又是上乘，用不着有人吩咐，从第二天起大家便都会去维护它。

反之，一处建成伊始便被人看不上眼的绿地，不管怎样去摆弄它，不久之后便会无人问津。

有关植物修整方法的知识，还是去请教专业书和专家吧。在规划上应该注意用于维护管理的装置等硬件方面的问题。

要研究配置合适的自动喷水装置和洒水栓，选定软管和清扫工具的收容地点，置备保养作业用的车辆和起重机械(树木不知什么时候会枯萎死去，免不了要重新栽植)等等。

9　绿化的细部

9. 绿化的细部

常常有人告诫我们:“千万不可忽略细部”。

记得密斯·凡德罗说过:“细部蕴藏着神奇的力量。”他还说:“桌子外表光滑，它的背面也必须光滑。”作为一般的词汇，细部指的是细小之处。

通常人们说的要重视细部，大概是指对某个地方的某个细部的专注和执着。

在进行建筑和绿化设计时，要把各种各样的要素一个一个地组合起来，这些要素的数量为10的几何级数。与此同时，设计者还要独自处理颜色和形状以及毫米单位的尺寸。因此，设计绝不是随便将几个现成的东西拼凑起来便万事大吉。

设计首先要建立在一些构想和思考的基础上，还必须对构想和思考进行归纳总结，理出头绪。在某个关键时刻，构想者会针对某个细微处强调:“这个地方无论如何要这样做。”对于构想者(甚至对设计者全体)来说，这样重要的事会不止一次地发生。

这就是细部。

可以说人间万象都是由细部构成的。演员会活用舞台上的一件小道具，运动员会对某个动作反复练习，电影导演黑泽明则以重视细节而闻名(因此，他执导的影片画面非常有张力)。

细部具有这样的性质:对于特定时间的特定对象来说，细部只出现1次。因此，如果一个设计中产生2个或3个有创造性的细部，可以说这个设计是成功的。

如此说来，绿化细部的本质便是在每个设计中都设法让配植的植物蒙上人性化的色彩。

在这里，我以自己参与过并认为还说得过去的例子为主，再结合一些在某地曾见到过的出色案例，作为应该了解的常识，给大家介绍其中的片断。

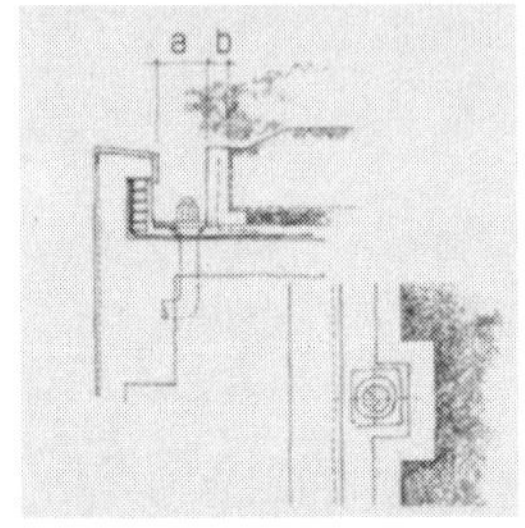

爱知县绿化中心主馆屋顶

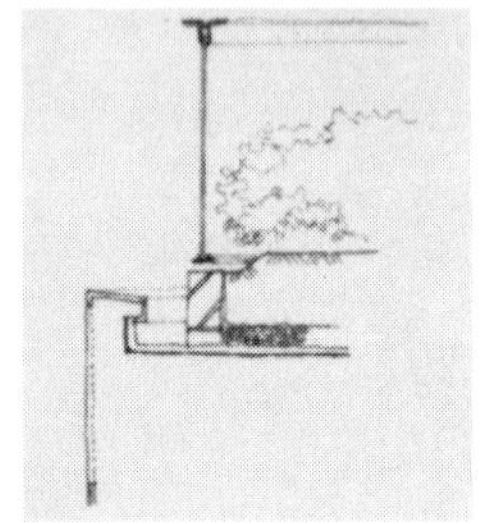

花木町新住宅区屋顶

1) 屋顶的防水和绿化

上面左图的爱知县绿化中心主馆的屋顶是个典型的例子。

a的尺寸是可以调整的，但如过宽绿化面积便会减少。如果太狭窄的话，在清扫落叶时手又伸不进去。适当的宽度应为15cm左右，这时就必须事先将屋顶排水口周围加宽。

b可以采用混凝土浇注，如果不太高也可以直接用混凝土块。上面右图为花木町新住宅区的同类设施。

花木町新住宅区阶梯式的屋顶庭园

屋顶扣上平板栽上草坪。绿化屋顶

冈崎市明大寺公园瞭望台。水落管藏在中央支柱内

以波形瓦保护防水层的露出部分

经常出现这样的情况：当将a设定为15cm并沿四周围起来时，绿化面积则几乎不剩什么了。

为此，采取这样的对策：如上面左图那样，以波形瓦全部挡住防水层的凸接部分，再往这里填土。这样一来a的尺寸几乎为零。方法简单，且花费较少，更用不着特别注意土的高度是否会超过女儿墙。这是一个值得推广的方法。排水口是根据现场情况将污水井口的制成品经改制安装上去的，并采取了保护措施。

如果按照上面的方法，几乎所有的混凝土平屋顶都可以采用草坪等植物绿化，不仅使城市高点俯视的景观变得更好，如前所述，还可以明显地提高房顶的隔热效果。自该方法问世以来15年过去了，在本书介绍过的例子中，几乎都在使用，至今尚无一处出现什么麻烦。

其后要谈到的是，近20年来都将水落管浇筑在建筑支柱中的做法，有的则是收容在管道井中。

如下图的建筑，其上部向外突出，水落管沿外墙铺设比较困难。在做方案时，我曾向大林建设的主任谈过这件事。他立刻把排水施工者叫来，指示他几天之内将哪些管子送到薄铁工厂去，让他们在什么位置改制入口和出口，尺寸千万不要搞错……，等等。

其实只要把水落管也当做是一种配管来考虑，问题就简单多了。雨量大小虽然不同，但在欧美地区，水落管同其他配管一样，一般都收容在通风管道的竖井中。

最好能重复看一遍欧美作家的什么作品，看过后就会知道，几乎没有将水落管露在外面的。

像这样的造型，垂直安装水落管就比较困难(H大厦)

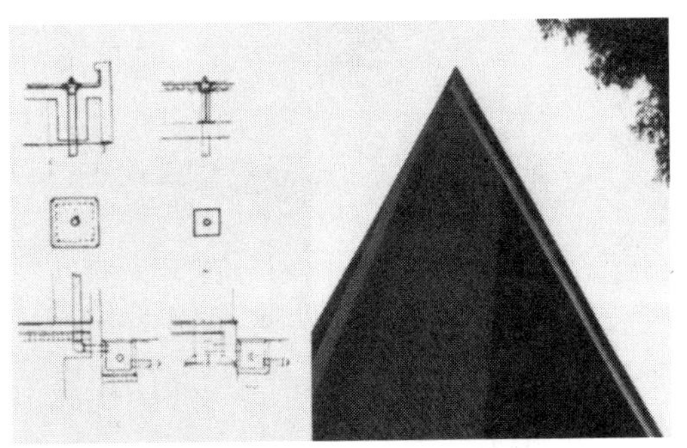

石川县林业实验场展馆的房角，水落管设在角落处的支柱内

哥特式寺院建筑的滴水口

混凝土滴水口

混凝土滴水口

钢制滴水口

钢结构建筑需事先在工厂里将钢管(或不锈钢管)焊接在支柱内。钢筋混凝土结构的柱子周围虽然有许多钢筋，但柱子中间却什么都没有。同样将水落管放入其中，然后浇注混凝土。屋顶排水管的安装比较容易，但下部的突出部分与钢筋接触要费些工夫(当然，如果是氯乙烯管自由度就大多了)。设计图上在装有水落管的支柱处只要标上“浇注”二字即可。也有人提出质疑：这样做会不会损坏混凝土柱的截面。其实，由于插入了钢管，反倒增加了支柱的强度。

还有一种说法，担心水落管的耐久性。水落系统全部收容在建筑结构体中，建筑不倒，水落系统便存在。因此这种担心也是多余的。另外，由于水落管、水落管弯头和雨水管卡子之类的金属固定件都不露在外面，建筑外观也显得干净利落了。

在浇注困难的地方，可作为设计的重点来加以处理。如古代哥特寺院的滴水嘴，还有日本城寨的石制放水孔，都是以勒·科尔普杰经常采用的方法处理的(话虽如此，也有一些不像预想的那样好，但因离题太远只好从略)。

以上是关于防水露出部分的保护。但是，有时也会像下面左图那样，防水层周边是凹进去的。a的部分，已事先将沙砾的透水层画在图纸上。在施工回填土时，为了能让沙砾摊铺成整齐的一层，必须以板桩之类的东西形成隔断，再将沙砾和土同时填入。如果一点一点地回填沙砾和土则会有相当的难度。为此，在实践中都是预先干砌混凝土块，然后再回填。这样，透水层也成了防水的保护层，施工方便，可靠性也很强。

即使对像第89页图中的较大的屋顶树坑也是相当有效的做法。

2) 地面·墙壁·树坑

地面铺装材料种类很多。至于像石材和瓷砖一类常见的建筑材料这里就不说了。成品的铺装材料种类也不少，但至今尚无令人满意的。广告上自我吹嘘要什么有什么，但用起来大都让人倒胃口。

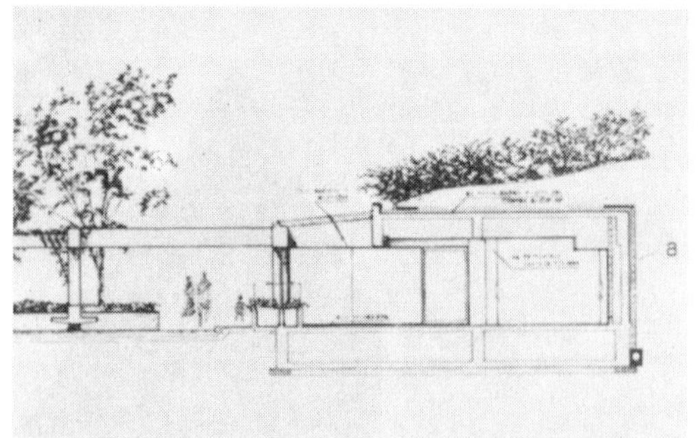

挡土墙式的建筑(第92页左下图)。有防水的露出部分

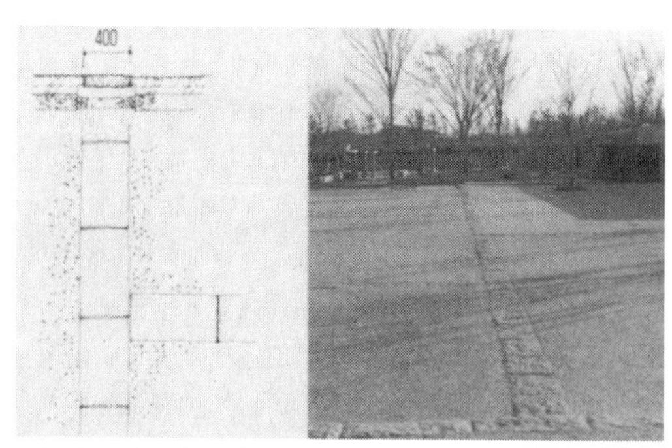

石板台面和混凝土水刷石(爱知县绿化中心展馆)

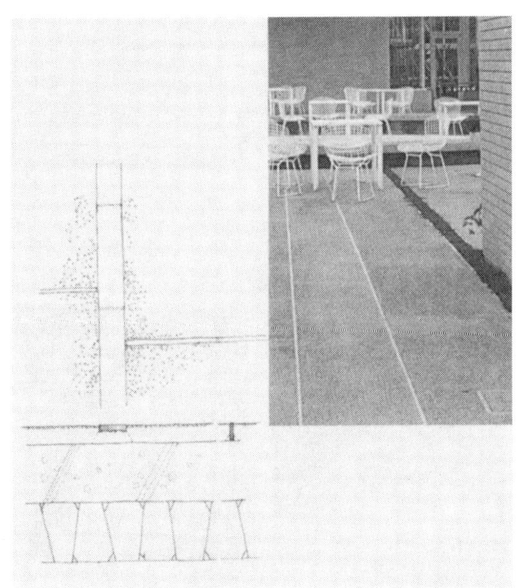

瓷砖台板和沙砾水刷石(水户市)

在宽阔的室外地面上使用石材和瓷砖来铺装是没问题的，但大都在成本上不划算，很让人伤脑筋。值得庆幸的是，一种新的方法正在得到广泛应用：以台板组成图案，然后铺上沙砾的水刷石面。

台面材料有石材、瓷砖、灰浆和木材等许多种。只是由于会打沙砾水刷石面的工匠不够用，造价急剧上涨，因此不能再说是一种低成本的方法了。这又成了一件困扰人们的事。

草皮接缝：当地面铺装面积较大时，为了调节因冷暖产生的伸缩和防止龟裂，便要留出伸缩接缝。在土木工程中，常可以见到每25～30m²的单位，便会在铺装表面出现一道向外鼓起的接缝填料，黑色的似乎是沥青。也有的接缝充填的是看上去不明显的树脂类发泡体。我们不太清楚，是否有必要划分成这样小的块块来设置接缝。接缝看上去总是不太顺眼的，因此想出一个办法：索性将接缝加宽，在里面植上草皮，成为草皮接缝。

混凝土铺装和草坪接缝的停车场(花木町新住宅区)

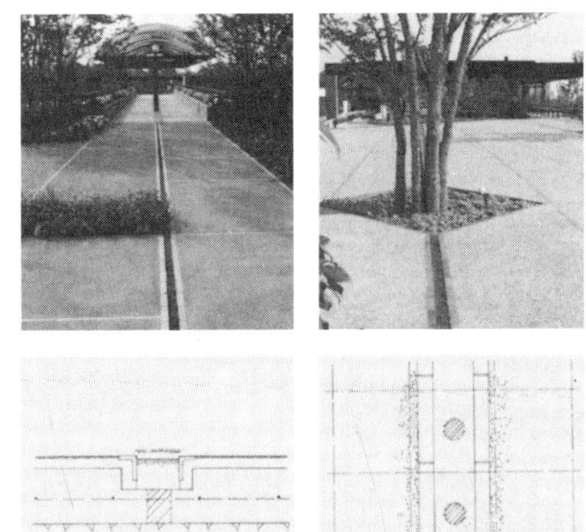

草坪接缝的例子(左图)水户市植物园。右图为服部绿地

在伸缩接缝中有2种类型，一种是以防止表面铺装龟裂为目的的；另一种是为将建筑物和构筑物分开而设置的。

前者的情况是，如果把广场之类的地方表面铺装完全分开，便有可能会出现程度不同的凹陷，形成高低不等的台阶。采取的相应对策是，如上图那样，让表面铺装纵向分开一半。广场的整体先预铺钢筋(间隔20cm纵横交错)。在拟设草坪接缝的位置，钢筋之间放入乙烯管或纸筒一类的东西，以预留出一个放水孔。不一定非得隔20cm放个圆筒，也可以在摊铺后立即用锹挖出一个洞来。最后摆好草坪接缝的支模用方木或木杆，开始浇注混凝土。

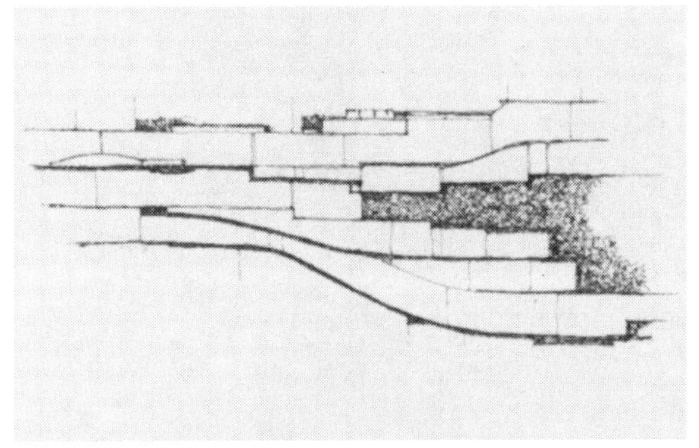

利用曲线与花坛组合的设想

这样一来，虽然局部是缺损的，但作为整体却是一块为钢筋混凝土连在一起的平面，可以在这上面进行铺装，在沟里植入成条的草皮。由铺装表面进入沟内的一部分雨水，会从预留的孔中顺利排入地下，一道绿色的伸缩接缝便建成了。

另一种分割的情况是，仅在两个构筑体之间留出缝隙，栽上草皮就可以了。事先在雨水浇不到的地方放入卵石。

草坪接缝已遍布各地，偶而到一个地方去特意看看接缝保养的情况，迄今为止还没发现维护管理跟不上的现象。可以想象，作为保养者肯定付出了大量的劳动。如本书前面所述，每处绿地的优美景观都离不开维护人员的心血和汗水。

草坪接缝在设计上也许要多动动脑子，但施工费和维护费却不高，而且还能设想出各种变化。因此，我希望这种方法能得到进一步推广，并在推广中不断发展。

凿削石块和台阶。踏步凸边似乎有点厚(水户市植物园)

平滑石材、糙面石材、天然石块和水刷石的组合

铺石台阶和天然石块(福冈市警固公园，左下图及下面3图同)

铺石和水刷小砾石

石材铺装、阶石和天然石块

水刷石铺装和枕木止车楔(右面的地面不是很漂亮)

木头的地面：以枕木铺装

枕木和圆木端面

枕木加工成的木砖

铺石路面

路缘·边缘：在花坛和绿地与地面和园路之间，通常要铺路缘石。顾名思义，路缘石本来就是用石头做的，如寺院等处，是用天然石材做的，看上去很美观。但在日本庭园中，苔藓和草坪与泥土和沙石直接接触，连成了一片，也是很美的。欧洲庭园中的园路也是与两边的土地直接相连，几乎所有的花坛都未经任何隔离便坐落在草坪里。边缘有时是用铁锹竖着修整出来的。

很多公园使用土木作业方式，以混凝土铺装地面，再砌上混凝土块的路缘。真正的公园应对这种做法嗤之以鼻。

以石材、瓷砖和砖铺装地面的例子不胜枚举，但如果铺的面积过大，便会与周围环境不协调。

尽可能采用薄的东西来做路缘或边缘，这是很久以来的想法。试着用钢板(耐候钢板)制成边缘，铺设后效果不错。因为可以焊接，所以可制成各种形状。

白沙地面与苔藓连成一片

砾石路面与草坪直接相连

以铁锹切齐的草坪边缘(巴黎的公园)

钢制的边缘(水户市植物园)

以耐候性钢板分割开草坪和园路(水户市植物园)

墙壁：同挡土墙一样，墙壁也必须留出伸缩接缝。在土木工程中，似乎还规定出每隔多少米就要设接缝，得按标准和规程办事。这样的接缝如前面所述，常常是在一道混凝土墙壁上鼓出一道道接缝填料，也是黑色的，多半是沥青。接缝背面有沙砾背衬层，在多少平方米之内要留出一处排水孔。按规定都得这样做。尽管不太了解内情，但还是希望不建这样庞大的挡土墙。有些事不想知道太多，不知道、不懂得，你就造不了。因为造不了、不会造，所以就不造。按照这样的逻辑推断下去，虽然会显得无能，但挡土墙却会越来越少了。

除了城寨和个别的寺院，日本尚没有建造高大城墙的传统。种水稻离不开水平面，因此水田边大多是用石垣围着。自古便有“耕耘到天边”、“块块田中有月亮”和“千层田”之类的说法。从地面到山顶，自下而上阶梯式的小块水田都是石垣筑成的。在大多数宅基地和民居周围，都能见到石垣和砌石构造。不过，只要看上一眼，就知道是外行干的，因此也不必过于挑剔。凡是像这样能干就干的话，干后的结果都是这样。然而，在干的过程中或许能学会以前不懂的东西，让下一个工程的安全系数更高，更为人们所喜爱。

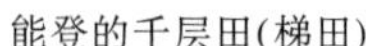

能登的千层田(梯田)

民居的砌石(旅店 · 爱媛县)

只要这样做，便会留下好作品。如果掌握了清水的舞台那样的建筑手法，谁还会再去造索然无味的挡土墙。

第211页的阶梯瀑布广场上，那道墙其实也是作为挡土墙来设计的，但却在表面挖了凹室，使平面出现凹凸，并因此不再需要设置分割的伸缩接缝，每隔几米远，锯齿形地配置防龟裂渗水的缝隙和排水孔。

下面右图是最近的例子，排水孔是由方铝管制成。

表面富于变化的混凝土墙

方铝管的排水孔

右面上图为爱知县绿化中心入口处。混凝土的挡土墙表面有一道道棱，一部分仍以岩石砌成，具有土木工程的风格。

关于挡土墙之类的构筑物或防滑坡设施的另一个问题，是其顶端的尺寸。因为要承受土的压力，所以在进行结构设计时，都要边计算边画图，以确定顶端厚度应为20cm还是30cm。但事情到此并未结束，墙上部露出部分的尺寸一定要特别注意。说到这里，我们不难理解，为了承受土的压力，城寨的石垣都建成弧形是有道理的。

带棱的混凝土挡土墙(爱知县绿化中心，下同)

带棱的弧形墙

挡土墙中的砌石部分

作为结构设计，考虑到施工的方便和钢筋配置状况，往往将挡土墙建成下图那样。

其实这是没有道理的。从最上部往下几厘米的地方，挡土墙所受到的土的压力是零，作用于它的只是空气。

凡是高处的绿地，几乎清一色地建有混凝土挡土墙。我们经常见到一些娇弱的植物种植的地方，恰恰是人们盲目的建造的地方。将不同的要素叠加在一起，只要结果是好的，则不必拘泥于原理。如下图，挡土墙的露出部分应该尽量薄一些。

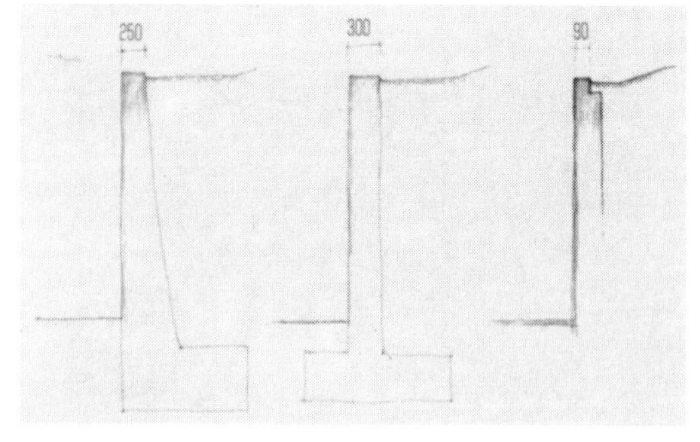

树林内的园路。路上铺着经过防腐处理的方木，相互之间以钢筋串连在一起，倒角的方木是仿木材料(水户市植物公园)

在科莫湖畔的挡土墙表面，以及湖边坐落着房屋的山坡上，像是经过设计似的，到处都开满了美丽的八仙花。

盛开着八仙花的石垣(科莫湖畔)

我希望能少一些意义不大的、土木工程式的挡土墙。在坡地上做项目时，应该在规划之初便让建筑师和造园师介入进来，并就土木专业的问题征求他们的意见。在土木施工阶段先建成一个阶梯台阶作为地块整理的结束，然后再进入建筑施工阶段，这是日本独特的现象。世界上几乎所有的高级住宅都在丘陵地带，最大限度地利用好斜坡，盖起最漂亮的住宅，是业主、建筑师和景观设计师们最关心的事。

应该说，只要不是平地便不被认为是宅基地，这恐怕是长期习惯于水田耕作的民族特有的意识。

水：水池的防水方法有许多种，但归根结底它也属于建筑类，大都采用沥青防水。应该注意的是，防水层周边的露出部分该如何处理。在以石材或面砖铺装时问题不大，因为石材很重，会把防水层露出部分向上挤压。如果采用面砖铺装，为了避免因沥青的热膨胀而导致防水层露出部高于水面太多，应该将其做到恰好与水池边一平为止。

当防水层露出部是与混凝土相接时，施工会有点麻烦，上面要加固，用灰浆勾缝。勾缝灰浆外露不是什么问题，因为人们总是喜欢盯着水面，如同照片的情形一样，没人会注意到灰浆勾缝处。

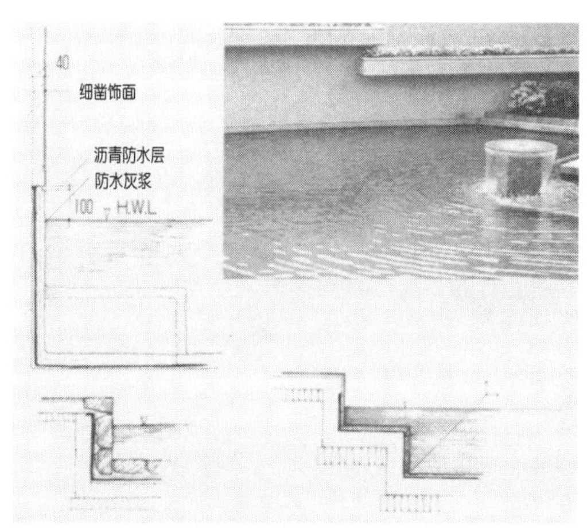

水池内的混凝土池壁和灰浆勾缝以及水面

自然风格的水池和溪流在沥青防水处理上比较简单，在这里要注意的是别忘了在上面压上石块加以保护。不过，这已经是属于造园设计的范畴了(下图照片由三宅宣哉先生提供)。

自然风格的水池和溪流(水户市植物公园)

爱知县绿化中心的日本庭园水池是由厚厚的混凝土板铺装而成，起重设备和卡车可直开到里面进行组石和池岸整固作业。当时，我正负责亭子的施工，远远地可以看到这边的情况，但关于细部却不太清楚。施工中的现场状况和完工的水池边沙滩分别见下面的左图和右图。至于瀑布，根据现场情况尝试了各种方法。

施工中的日本庭园水池和完工后的水池岸边沙滩

爱知县绿化中心

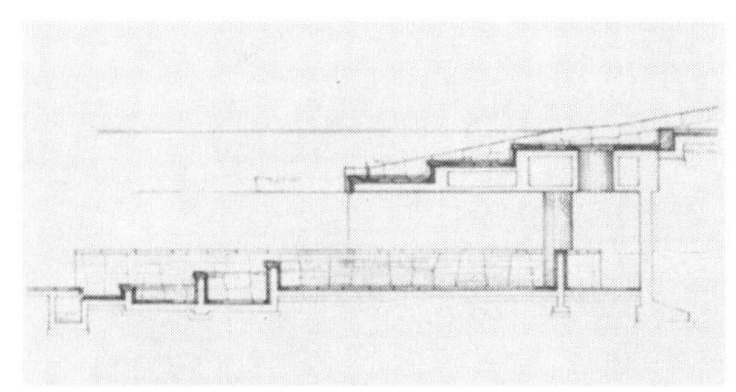

爱知县绿化中心阶梯瀑布落水口

下面的2个例子都是采用面砖铺装的，并且都对瀑布左右两端的水帘下了工夫。不过，也许是因为施工精度的问题，其中一个瀑布的水帘不太理想。

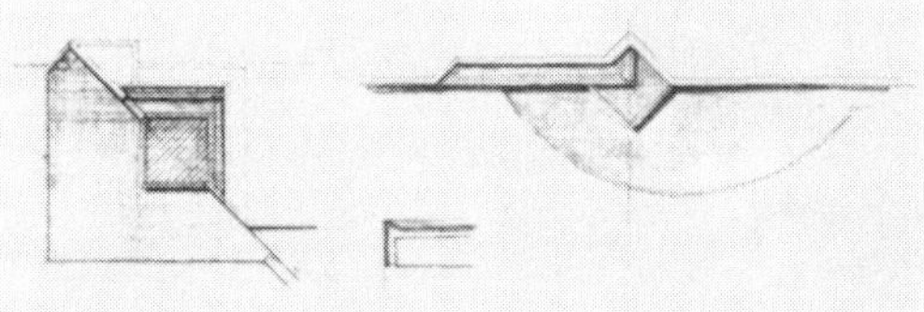

条纹面砖的壁泉　　异形面砖的落水口

为了让水层变薄，并成弧形落下，下面的例子中使用了工字钢。将一个挡板放在工字钢中，压迫水流从其下面穿过，并使水流流速加快；同时在给水管上安装了几个阀门，调节水流，最后水流在8m多的宽度上以均等的厚度落下。效果之好，出乎人们意料。不过，事后造园家柳原先生又教给我们一个办法：“如果不用工字钢，也可以使用乙烯管，在管子下侧多钻一些孔，反复调节水流，直至满意为止。”

钢制的落水口(服部绿地鲜花和绿荫休憩室，上面2图同)

下面仍是一个使用钢材的例子。按照以往的经验，本来可以采用乙烯管，轻而易举便能得到水流均匀的瀑布效果。用钢材的好处在于，其端部的倒角处理比较容易。这时如下图那样，水流既不会产生横向移动，也不会向内侧弯曲，始终呈现出一个均匀的水幕。

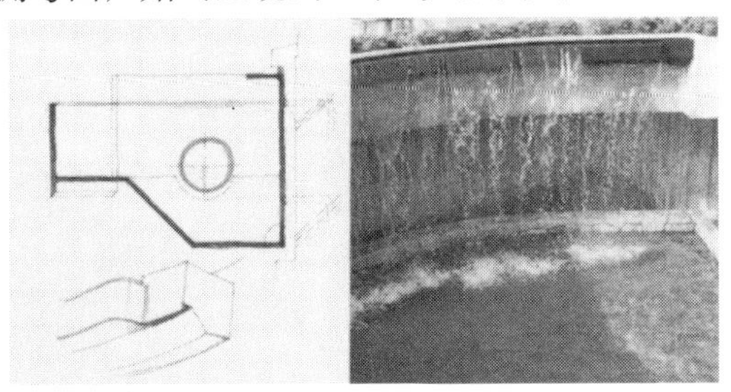

钢制落水口(水户市植物公园)

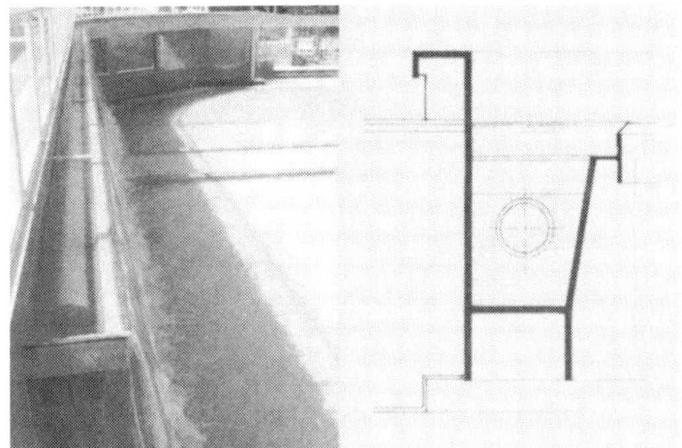

钢制落水口(福冈市警固公园)

溪流·阶梯瀑布：下图如果被看做是室外阶梯的话，以沥青防水再贴上瓷砖处理起来并不困难，只是踏步凸边处的异形瓷砖要费点事，总的造价倒不会太高。

当然，如果选用石材铺装的话，石材也有各式各样的，既有糙面的，也有平滑的，处理起来会产生很多变化。

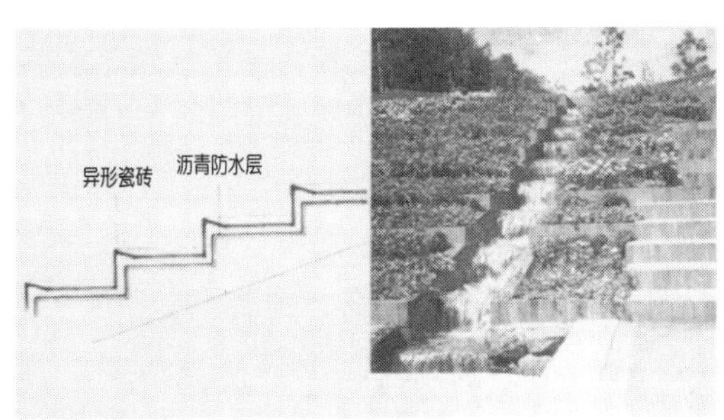

贴瓷砖的阶梯瀑布

既然涉及到水，我们再举几个饮水器的例子。

在某些场合，直接使用市场上出售的饮水器会令人感到索然无味，因此试着采用了一些就地取材的办法。

例如，让天然石块突出一截，在其前端安上饮水器，将给水管嵌入石块下侧，开关和水口则采用制成品，排水即可直接落下。

天然石块上的饮水器(爱知县绿化中心，下同)

下图是在石垣上组装了加工后的天然石块，配管的要领与上图同。

组装在石垣上的天然石块饮水器

此外，还有像下图那样，有的组装在贴瓷砖的墙面上，有的将天然石块加工后单独安置。

组装在外墙上的电话座和饮水器(右下图同)

天然石块加工后制成的饮水器(水户市植物公园，上图同)

蔓棚：如果认为蔓棚就是藤架，棚架就是栅栏或架子，其实是不确切的。照片中是加利福尼亚一位朋友家的庭院。在我拜访期间经常在这里进餐什么的，他们管这里叫做“trellis”(棚架)。似乎这是对架子形庭园构筑物的总称。

棚架 · 蔓棚(加里福尼亚)

查一下手头的词典，里面这样翻译：“pergola:名词(日语称为)蔓棚，即藤架，隧道状的亭子(柱廊)”，“trellis:名词(日语中)，1架子，2(让攀援植物伸展的)藤架，架子墙：架子搭的亭屋，架子形排列。”再翻开《造园大辞典》，其中关于藤架的词源又有2种，并解释道：“把trellis一词也译成架子一点都不符合原义……”云云。听起来麻烦透了。不过蔓亭一词是可以认为已经被日语化了的。

人们在担心木材会腐烂、钢铁会生锈的时候，如果有机会，到东京的西新井大师那里拜访一下，便会发现一个巨大的藤架。上面写着弘法大师如何如何，某某树树龄800年等等。接着很快会发现，它毫无疑问是由混凝土造成的。主框架为钢筋混凝土结构，百叶天窗采用了预制混凝土。

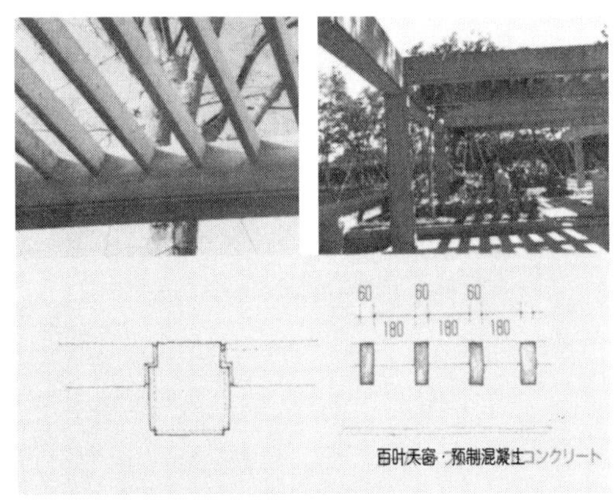

混凝土制的蔓亭(爱知县绿化中心)

混凝土制的蔓亭(福冈市植物园)

上面的蔓亭，从细部来说已相当于建筑的局部，百叶天窗则多少呈拱状。

钢筋混凝土的梁和钢制百叶天窗(神户市须磨离宫植物园)

上面的蔓亭也曾设计成用工字铝型材制造的，但焊接困难，只能以螺栓连接固定，在组装上不太顺利。接下来有的温室施工者又建议，用工字钢制造，再以烤漆做表面处理。施工者认为这样的尺寸是可以采用杜拉工字钢来制造的，这是一种耐腐蚀的铬钼合金钢材。

在钢梁上拉不锈钢丝(与下图同)

图中，是在耐候钢的框架上悬挂不锈钢丝建成的蔓亭，因为全部采用半永久材料，成为一处免维护设施。

不锈钢丝的蔓亭(水户市植物公园)

上图亦为耐候钢和不锈钢丝构成的蔓亭，它们都是挂成网状。

下图是将不锈钢网旋转90度后的状态，形成一个贝壳面。可以把这称为丝网结构，如果应用膜结构和张拉结构的原理，可以组合成各种造型。作为一种单独的绿化方式，原来是以建筑的墙面和土木构筑物为对象，采用一些攀援植物在其上生长和伸展(如爬山虎和吊兰等)，并营造出不同的绿色景观。

扭转不锈钢网成为一个曲面(爱知县绿化中心)

绿化装置一例

异形钢筋的拱顶(水户市植物公园)

钢制框架上的异形钢筋拱顶(同上)

说到这里，又接近造型艺术家的领域。把这些都交给艺术家们来做好了。前面已经提到，将雕塑作品摆放在开放空间中，便会具有各种不同的象征意义。以植物来创造空间造型并表现某种意识，在不久的将来会成为现实。

以上2个例子，都是在钢制框架上架起异形钢筋制的拱顶。框架部采用的耐候钢表面有耐蚀涂层。钢筋因为找不到是耐候材料的，所以只能做涂装处理。实事求是地讲，生锈是早晚的事。不过一旦枝繁叶茂，或许就不会有人注意它了。

花盆·植木钵: 在插花和盆景的世界里，花瓶、壶、罐和盆等器皿都要讲究与植物相配，在色彩、形状和纹理上与之保持平衡及和谐，在创作上器皿的选择是很重要的。茶道亦是如此，选用的茶具也有许多讲究，如研磨茶粉的工具竟像是掏耳的家什。

日本饮食使用的容器造型也颇讲究与食物的色形味相搭配，并注重与环境的协调一致，处处体现出一种和谐、均衡和变化。同时，在这方面表现出的博大精深和小巧细致(有时伴随着高价格)为世界所罕见。

谈到植木钵又进入园艺的领域。在这方面不知为什么全是一些粗制滥造的东西，不管什么颜色和形状，乱七八糟地混杂在一起，然后毫不在乎地栽上植物。

塑料和混凝土的植木钵遍布于大街小巷，难得见到像样的。

和箱子一般大的植木钵，却毫无道理地只植入一株花，在旁边立着的牌子上，醒目地写着“请爱护花草树木 · 某市”、“美化城市 · 某协会赠”等字。

在欧洲的整形式庭园中的花盆，其地位与雕塑相当，在一些特殊场合，甚至比雕塑还重要。浏览一下造园史方面的书，这方面的记述比比皆是。例如，凡尔赛宫主平台一带，“装饰这里的是有浓郁古希腊神话色彩的青铜塑像，其中有巴克斯、阿波罗和希莱奴等。另外，在与主庭院相连的西南和西北端，分别摆着迪比费创作的象征和平的大理石装饰钵‘巴兹·都·拉 · 贝’和尤瓦兹沃克创作的表现战争的装饰钵‘巴兹 · 都 · 拉 · 盖尔’。”(冈崎文彬著《造园历史Ⅱ》同朋社)。

能够被摆放在公共场所里的植木钵，作为绿化形式之一，是值得在设计上下一番工夫的。

下图是福冈市与建筑一体化的陶瓷植木钵。这种植木钵是由瓷砖制造商组装在地面或墙壁上的，有的兼做栏杆用延伸长度约90m。

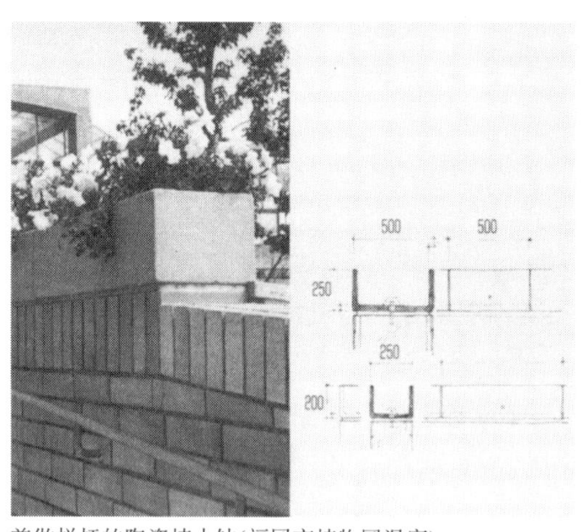

兼做栏杆的陶瓷植木钵(福冈市植物园温室)

类似的植木钵也有三角形的和圆的。

安装在墙面上的植木钵

直径为90cm的圆钵(同上)

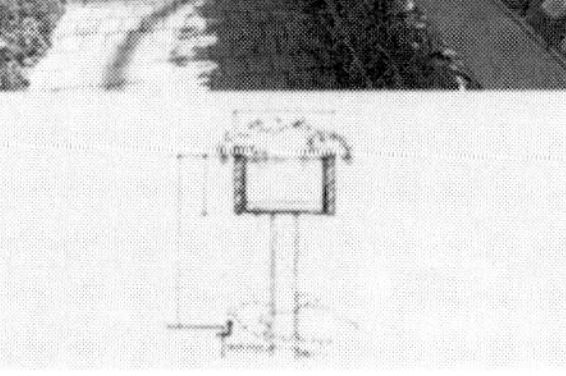

兼做栏杆的植木钵

不锈钢制的吊盆

上面右图为用不锈钢网制成的吊钵。因为很坚固，即使体量大些也不令人担心。

上面左图是将木盆放在钢制植木钵中，并兼做栏杆。

市场上出售的塑料制品在设计上应该说相当完善，两层的底可以存水，使花盆具有保水性。同时水又不会流出来，很适合摆放在室内等地方。只是外观看上去要差一点。

为此，可以将塑料盆的边缘或耳部剪掉，放在木制的箱子中，便成了一件既便宜、性能又很好的木制植木钵。而且，还可以将长度和宽度扩大，放入两个、三个或更多的塑料盆。是一种值得推广的方法。

塑料的成品放在木框中

圆的吊盆也是一样，可找来一个大小合适的笼子套在外面。即使不在里面放花盆，也能让草花吊在水草和金属网上，制成花球或类似球的形状。或者请园艺爱好者帮忙，让他们设计出各种形式来。

花球(水户市植物公园)

下图是混凝土扶手兼做植木钵的组合以及悬臂式的植木钵。悬臂部分的预制混凝土中插有钢棒。

兼做扶手的混凝土制植木钵(同上)

让地面局部凸起形成花坛；透过厕所前的圆窗看到的美丽的鲜花。

墙上开圆孔处吊下花盆

自地面凸起形成的花坛

几乎任何建筑材料都能制成植木钵。应该在适当的场所，选用适当的材料，利用各种设计手法让植木钵也成为艺术作品。

砗磲贝形的花盆(名古屋市东山植物园温室)

由树墩改成的花盆

树木花盆

圆木的花盆(以上均为欧洲所见)

从墙壁探出的混凝土花盆(圣巴勃罗)

布置在石椅上的鲜花(利巴伊斯广场)

以下是在各地见到的例子。

植木钵里栽种的多为草本植物，很难做到一年四季都能供人欣赏。不论是花坛还是植木钵，一到冬季都不约而同地种上了甘蓝；再不就是为松枝点缀着的花白菜和花椰菜之类名字带有“花”字的植物。因为都是一簇簇地栽培，怎么看都不过是彩色的甘蓝，一点美感都没有。

仅仅用鲜花覆盖花坛和器皿是不够的，也成不了美丽的风景。可是，单是用绿叶却能营造出一片壮美迷人的景观，而且变幻无穷。当然，如果将绿叶和鲜花搭配起来效果也不错。譬如，事先将常春藤一类的植物栽种下去，然后在周围配植一些草花，或是先埋下球根到时让花开放。

隆冬季节，即使没有花也没有关系。

维护费减少了，但植木钵和花坛却被绿化得很好。

休闲椅之类：当在街上办完什么事往回走时，累得“呼哧呼哧”直喘，真想坐下来歇口气儿。一早就转来转去，茶、果汁和咖啡喝了一肚子，实在不想再进咖啡馆了。就在这节骨眼儿，却找不到一块可以坐下来的地儿。毫不夸张地说，在日本的公共空间里休闲椅之类的明显不足。不，应该说干脆就没有。

在国外旅行时，却没有什么时候找不到地方坐下来的回忆。如果走累了，到处都有长凳、阶梯、台阶和靠背椅，可以坐下来换胶卷，看地图什么的。

其实在古代的日本，桥头处也不乏歇脚的地方，道路两侧都设有木制的长凳，有的还镶嵌在建筑物上。走在路上是不难找到小憩之处的。

咖啡馆发展的速度越快，路边的休闲椅就越少。这种完全矛盾的现象到底是怎样产生的，也许是被称为“经济动物”的日本人不屑于去干那些不赚钱的事吧，甚至于公园里的长椅上都会有清凉饮料的广告。

随着高龄化社会的到来，在公共场所能够悠然自得地坐一会，并为这一目的的实现创建更多的怡人空间，这一点显得尤其重要。

一旦手中握有权力，我将会决定，让建筑的外墙都安装上长椅或其替代品，并在上面架起挑棚或其替代物，果断地一揽子解决所有问题。也许这很难办到，但至少可以建议，在建筑物上安装长椅之类的设施。

我们正处在一个混合的时代，前面讲到的植木钵也同样是通过各种素材和设计的组合制成的。今后的课题是进一步的精雕细刻。

街上和公园里都设有休闲椅

坐着感觉很舒适的钢网休闲椅

A · 高迪创作的盖尔公园长椅应该被称为艺术品

漂木式的小品兼休闲椅(不列颠哥伦比亚大学民俗学博物馆后院)

组合在混凝土蔓棚中的休闲椅

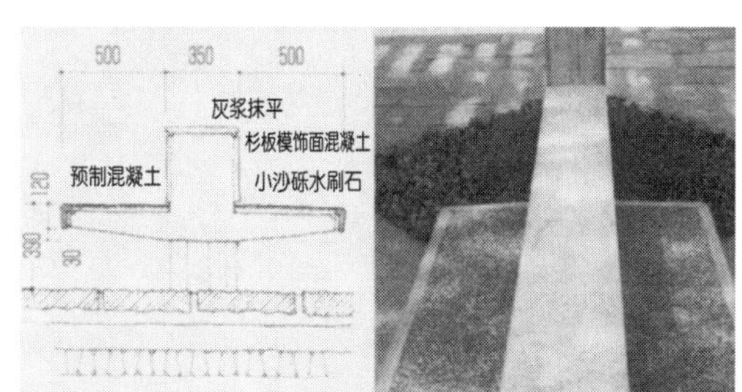

廊檐为预制混凝土，座面是水刷石(爱知县绿化中心)

长椅亦成为与绿化带之间的分界线(服部绿地)

以挖出的树墩制成的小品风格的小桌面和坐凳，其端面仍保持砍伐时的样子(爱知县绿化中心)

木制长桌和椅子。长度9.5m

将树木围在中间的木制平台和花园餐厅(水户市)

以天然石块凿削成的坐凳

水池边缘兼做圆形的休闲椅(水户市植物公园，上图同)

同上(水户市植物公园)

天然石的长凳，其一部分为花盆(福冈市警固公园)

钢化玻璃的标识板，柱子是水刷石的(爱知县绿化中心)

不言而喻，此类设施的关键问题是一定要做到与周围环境和谐统一。

透明有机玻璃的导游图(服部绿地鲜花和绿荫休憩室)

屋外设施及其他：大约从20世纪60年代的后期开始听到公共设备的说法。以EXPO'70国际博览会为契机，全国各地、尤其是地铁等处的标识有了明显的改进。像过去那种“男厕所由此向前”之类的大黑字牌子越来越少见了。

质优价廉的制成品正在增加。但是，你只要出门稍加留意便会发现，无论城市还是农村，总体上仍然是七零八落，发展十分不平衡。

我不想一味地引证外国的例子，但是请看看英国的切斯特、德国汉堡附近的吕贝克和加拿大温哥华的情况吧，以及许许多多大家能想得起来的城市。与这些城市相比，我们真有些日暮途穷之感。

不过，在仓敷的中心区和横滨的许多地方，街区的整体状况正在改善，并对全日本都产生了影响。这些又给我们带来了希望。下面，请允许我再介绍几个例子，但都不是我的作品。

下面是同样具有透明感，可看到对面景物的示意板。是在钢化玻璃板上丝印制成的。

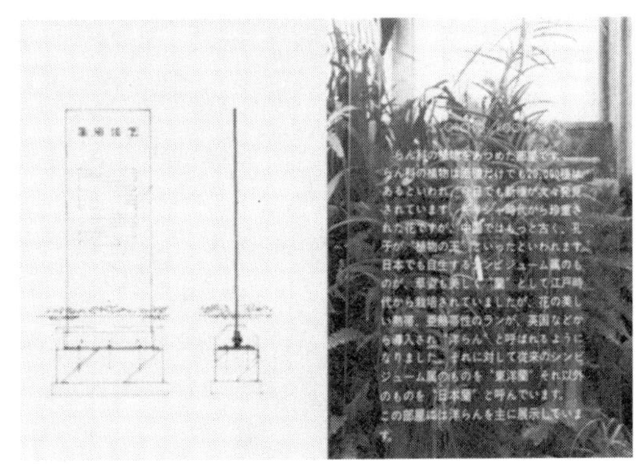

钢化玻璃的自立式示意板(福冈市植物园温室)

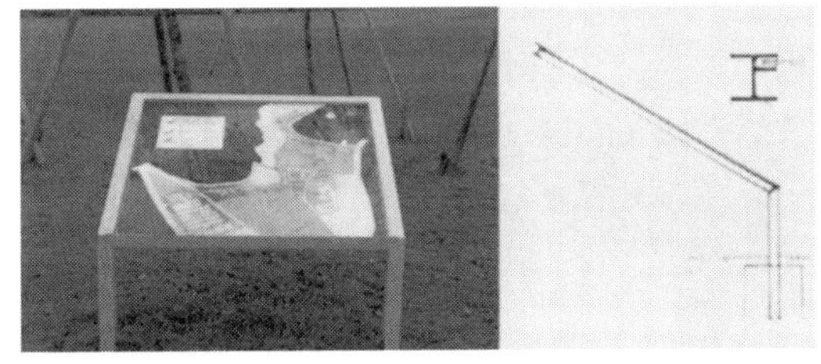

倾斜的透明有机玻璃板的导游图(水户市植物公园)

将聚碳酸脂板镶嵌在铁框上，背面丝印，倾斜安放，看着方便。

天然石块加工而成，局部被打磨平整，贴上铝板的导游图和园名标识(水户市植物公园入口)

从看图的人现在所处的位置来说，导游图指示的方向应与其保持一致。遗憾的是，多数导游图都忽略了这一点。当人往西走时，路左侧的地图如以上方为北的话，正好与人的前进方向相反。本来目的地在右手，地图上指示的却是左侧，游人得不停地回过头来对着相反方向确认：“刚才的路口是在西坡上，一直往东，从山上下去，再往北走就是山岗的南边吧……”实在是把人弄糊涂了。

虽说如此，也不能将地图反过来印，那样不符合人们的日常生活习惯。将标示板放到正确的位置上是非常重要的。

正确的做法是：不管是在山里，还是在市区中，在以地图确认方向时，应让地图指示的方向与现场的方向保持一致，将地图倾斜至接近水平状态，自上向下看着地图。导游图也是同样摆放，游人才会更容易看懂。

在大型寺庙入口处，都有绘制的寺舍平面图，能让参观者了解个大概。

但这毕竟局限在总体的把握上。入口处卖的门票上也印了一些东西，但一进去几乎不起什么作用，引导游人移动的还是一些标识，上面写着什么什么名园，什么什么高僧修行之处等等，还画着指示方向的箭头。有的地方的标识上写着“此处禁入”的字样。这样的标识牌通常都设在特别引人注意的地方，给游人的拍照造成困扰。也许会有点失礼，举个例子吧。九州知览的武家宅邸入口正面的石壁本来是很有特点的，看过的人无不对其交口称赞；但不久再次造访时，让我大吃一惊：在每个入口和庭院的最重要位置都立着说明用的牌子。

富有幽默感的路牌(比丘山)

苏黎世的机场

导游图应该简明实用。

导游图是为需要看它的人设立的，不管是外地人还是外国人。

在这一点上我们做的还不如农村的老奶奶。

当你向一位好心的老奶奶打听去京都怎么走时，她会热情地告诉你：“喃，你从那边上去，到山顶就能远远望见了，下了山就归京都管，走不了多久就到了……”，并且一直领你到十字路口。

对如此热情的举动，也许我们还不能完全理解，那是因为一直接受以自我为中心的教育的缘故。

年轻时去纽约曾碰到过这样的事：到纽约的第二天便有人向我问路，当时感到挺吃惊。可是没过多久，纽约的街道走向和布局已经呈现在我脑子里了。很少有像纽约这样容易熟悉的城市，只要知道街道和门牌号，任何地点找起来都不难(去欧美国家的农村也是如此)。

然而在日本，除了大马路以外，一般的街道是没有名字的。因此不以某条街道多少号来表示。几段几号指的是某一区域内的几号，至于这一区域又是怎样划分的，连当地的居民都不清楚。问路时，得到的回答往往是："到卖烟的小铺拐弯……"由于村落和街区都是自然形成的，因此道路蜿蜒曲折，形同迷宫。如果非要画成导游图，则多半被抽象化。拿着这样的图去赴约会，要找到地方得费不少工夫。图上没有关于道路宽度、弯路弧度和标志特征之类的形象概念，画图的人仅仅是把自己了解的情况在脑子里梳理一下便成为图形。因此，为了让不了解的人也能了解，应该尽量让导游图接近实地状况。

看来又把话题扯远了。

第219页中图是由钢化玻璃蚀刻成的导游图板，用意自然是为了透过它能看到绿色景观。柱子则是混凝土的，经水刷石饰面处理(在离心浇注混凝土柱时，先将慢硬化水泥涂在模板上，在达到一定硬度时拆掉模板，对表面做水刷石处理。这本来是在爱知县绿化中心项目施工时想出来的办法，目前已批量化生产)。

木制的照明柱和植木钵(水户市植物公园)

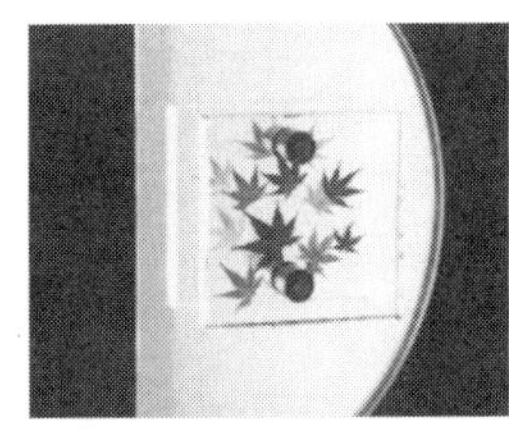

封入标本树叶的门把手(推手板)

左下图的木柱表面全部贴有乙酰化木材(不腐朽木材)，木柱下安装的植木钵更使其与建筑达到一体化。

不仅是在室外，还有在室内采用的门把手里封入植物的例子。

在设计爱知县绿化中心时，曾考虑用什么样的门把手能体现建筑本身的特点。想起在礼品商店曾见过有机玻璃里封入什么东西，我们为什么不能那样做呢!将这想法对工程主任一说，他很感兴趣："这倒真是个好主意，做几个样品试试。"立刻将松叶什么的夹在有机玻璃里试做了几块。但是，因为有机玻璃是经高温熔化后成形的，所以里面一旦加入松叶，便会产生水蒸气，像一片片白色云雾一样弥漫在松叶周围，做出来也没法用。这时，我们明白了：一定得用干的标本才行。恰值爱知县花木的红叶期，急忙找来红叶压干后放入有机玻璃把手，结果获得成功。以后在其他一些地方也曾使用过同样的方法，均受到好评。后来直接向把手制造商协会订货，事情变得越发简单了。这样的把手已编成商品目录，只要事先选好花和叶的标本，交给制造商就行了。

以上拉拉杂杂地介绍了一些细部的例子，如其中一、两个可供读者参考，则甚感欣慰。

石川县林业实验场 · 展馆(照片由石川县提供)

项目实例: 凡照片和插图说明涉及的项目被列在下面一览表中的, 均为本人作品。重复出现的项目, 如“爱知县绿化中心”简称为“爱知县”。《新建筑》杂志介绍过的项目, 在该杂志资料栏内载有每个项目的所在地、规模和合作者等简要情况, 可供读者参阅。

照片: 除已注明“照片由……提供”的以外, 均为笔者所摄(但笔者同事田代善久、高野博彰和大森梢各有1幅也在其中)。

插图: 凡有出处的均标明“据……”字样, 书中登载的是由笔者按原图临摹而成。其他如写生画和图解等均由笔者绘制。图纸一类的插图既有本人绘制的, 也有其他人绘制的, 涉及不少人, 但都是笔者之同事。

结束语

因杂事缠身, 本书完成的时间被一推再推, 给日本建筑协会出版委员会诸君和学艺出版社的吉田隆主编及久木美奈子君带来许多麻烦, 在此深表歉意。

地球环境——一个新鲜的词, 是最近才听到的。

但愿本书的出版能搭上改善地球环境这趟车。

主要作品一览

- 大物总部大厦 (7411)
- 花木町新住宅区 (7603)
- 爱知县绿化中心 (7608)
- 高槻市森林观光中心 (7809)
- 神户市须磨离宫植物园 · 温室 (8010)
- 福冈市公园城市绿化植物园 (8010)
- 冈崎市明大寺公园瞭望台 (8010)
- 石川县林业实验场展馆 (8401)
- 大阪府服部绿地城市绿化植物园 鲜花和绿荫休憩室 (8410)
- 锦堂总部大厦 (8609)
- 水户市植物公园 (8708)
- 国际花卉博览会光馆 “工会 · 广场 · 花园”展区 (9004)
- 夏普研修疗养中心 I & I会馆 (9106)

※括弧内数字为《新建筑》杂志登载时的期号

(以下无先后顺序) 兵库县花卉中心 · 温室 加茂新城会所 宫崎市椿山森林公园 · 瞭望台 福冈市警固公园 石川县农业综合实验场 · 交流中心 兵库县森林公园 · 管理处 T宅 T工作室 福冈市植物园 · 瞭望休憩室

〈作者简历〉

泷　光夫

1959 年　京都大学工学部建筑学科毕业

1961 年　京都大学研究生院获工学硕士学位

1963 年　美国哥伦比亚大学研究生院获建筑学硕士学位

现　在　泷光夫建筑和城市设计事务所总设计师

京都大学建筑学科特邀讲师

大阪大学环境工程学科特邀讲师

所获奖项:

● 第 18 届建筑业协会奖	1977 年〔爱知县绿化中心〕
● 第 25 届建筑业协会奖	1984 年〔石川县林业实验场展馆〕
● 石川县建筑奖	1983 年〔石川县林业实验场展馆〕
● 第 15 届中部地区建筑奖	1983 年〔石川县林业实验场展馆〕
● 昭和 61 年 广岛市优秀建筑物	1986 年〔锦堂总部大厦〕
● 昭和 63 年度日本造园学会奖	1988 年〔水户市植物公园等一系列观赏温室的设计〕
● 第 2 届公共建筑奖(建设大臣表彰)	1990 年〔石川县林业实验场展馆〕
● 日本建筑学会奖	1992 年〔夏普 I & I 会所〕

著作权合同登记图字：01-2002-5910 号

图书在版编目（CIP）数据

建筑与绿化 /[日] 泷光夫著；刘云俊译．—北京：
中国建筑工业出版社，2003
ISBN 7-112-06018-4

Ⅰ．建…　Ⅱ．①泷…②刘…　Ⅲ．绿化规划　Ⅳ．TU985

中国版本图书馆 CIP 数据核字（2003）第 097267 号

责任编辑：白玉美
责任设计：郑秋菊
责任校对：赵明霞

建筑与绿化

[日] 泷光夫　著
　　刘云俊　译
*
中国建筑工业出版社出版、发行（北京西郊百万庄）
新　华　书　店　经　销
北京建筑工业印刷厂印刷
*
开本：787 × 1092 毫米　1/16　印张：14　字数：340 千字
2003 年 11 月第一版　　2003 年 11 月第一次印刷
定价：**45.00** 元
ISBN 7-112-06018-4
TU · 5291(12031)

（邮政编码 100037）
本社网址：http://www.china-abp.com.cn
网上书店：http://www.china-building.com.cn